ZEITSCHRIFT FÜR ANGEWANDTE MATHEMATIK UND MECHANIK

INGENIEURWISSENSCHAFTLICHE FORSCHUNGSARBEITEN

BAND 52 1972 HEFT 6

AUS DEM INHALT

A K A D E M I E - V E R L A G G M B H · B E R L I N

ZAMM Bd. 52 Nr. 6 S. 261—320 Berlin, Juni 1972

INHALT:

Hauptaufsätze Seite

Kleine Mitteilungen

Wir bitten, alle Manuskriptsendungen und andere Zuschriften an folgende Anschrift zu richten: Zeitschrift für Angewandte Mathematik und Mechanik, z. Hd. Prof. Dr.-Ing. H. Heinrich, 8027 Dresden, Friedrich-Hegel-Str. 31. Zu den Arbeiten, die als Hauptaufsätze bestimmt sind, erbitten wir auf gesondertem Blatt eine kurze Zusammenfassung des Inhalts, nach Möglichkeit in deutscher, englischer und russischer Sprache; falls die Übersetzungen nicht geliefert werden können, ist wenigstens die Angabe spezieller Fachausdrücke in den verschiedenen Sprachen erwünscht. Ausführliche Hinweise für die Autoren, um deren strikte Berücksichtigung gebeten wird, finden sich im Anschluß an das Inhaltsverzeichnis des Jahrganges 51 (1971).

Die Autoren erhalten von den Hauptaufsätzen 75, von den Kleinen Mitteilungen 25 Sonderdrucke ohne Berechnung, darüber hinaus bis zu 250 Sonderdrucke gegen Berechnung.

ZAMM 52, 261 – 271 (1972)

Eine Verallgemeinerung des Satzes von Müller auf parabolische Systeme von Integrodifferentialgleichungen nicht notwendig monotoner Art

Von E. ADAMS*)**) und H. SPREUER*)

Es werden Systeme linearer oder nichtlinearer parabolischer Integrodifferentialgleichungen für den Vektor $\boldsymbol{w}(\boldsymbol{x}, t)$ mit N Komponenten w_k betrachtet. Es ist t die parabolische Variable, und in jedem Gebietsoperator sind Ableitungen von $\boldsymbol{w}$ nach allen Komponenten von $\boldsymbol{x}$ zugelassen. In den Integralen wird über alle Komponenten von $\boldsymbol{x}$ integriert. Es werden gewisse Monotonievoraussetzungen verwendet. Die Gebietsoperatoren sollen durch Einsetzen von $\boldsymbol{w}^*(t)$ statt $\boldsymbol{w}(\boldsymbol{x}, t)$ in diejenigen gewöhnlicher Differentialgleichungen übergehen. Gewisse entkoppelte Randwertaufgaben für Funktionen $w_k(\boldsymbol{x}, t)$ sollen von monotoner Art sein. Es wird in einem beschränkten t-Intervall die Existenz genau einer Lösung eines Systems von 2 N gewöhnlichen Anfangswertaufgaben für obere und untere Schranken $\overline{\boldsymbol{w}}(t)$ bzw. $\underline{\boldsymbol{w}}(t)$ von $\boldsymbol{w}(\boldsymbol{x}, t)$ gezeigt.

Systems of linear or nonlinear parabolic integro-differential equations are considered for the vector $\boldsymbol{w}(\boldsymbol{x}, t)$ with N components w_k. Here, t is the parabolic variable. In the domain operators, derivatives of $\boldsymbol{w}$ with respect to every component of $\boldsymbol{x}$ are admissible. In the integrals, the integration refers to every component of $\boldsymbol{x}$. Suitable assumptions on monotonic change of coefficients and functionals are employed. Certain decoupled boundary value problems are assumed to be of monotonic type. The domain operators are assumed to become ordinary differential operators upon substitution of $\boldsymbol{w}^*(t)$ for $\boldsymbol{w}(\boldsymbol{x}, t)$. In a bounded interval of t, the existence and the uniqueness of the solution of a system of 2 N ordinary initial value problems is shown which determines upper bounds $\overline{\boldsymbol{w}}(t)$ and lower bounds $\underline{\boldsymbol{w}}(t)$ of $\boldsymbol{w}(\boldsymbol{x}, t)$.

Рассматриваются системы линейных или нелинейных параболических интегродифференциальных уравнений для вектора $\boldsymbol{w}(\boldsymbol{x}, t)$ с N составляющими w_k. Величина t является параболической переменной. В каждом операторе по области допускается наличие производных величины $\boldsymbol{w}$ по всем составляющим вектора $\boldsymbol{x}$. Интегрирование в интегралах производится относительно всех составляющих вектора $\boldsymbol{x}$. Применяются определённые предпосылки относительно монотонности. Путём подстановки $\boldsymbol{w}^*(t)$ вместо $\boldsymbol{w}(\boldsymbol{x}, t)$ операторы по области должны перейти в такие-же операторы обычных дифференциальных уравнений. Определённые расчеплённые краевые задачи для функций $w_k(\boldsymbol{x}, t)$ должны быть монотонного вида. Показано существование только одного решения системы $2N$ обычных задач на начальное значение для верхнего и нижнего предела $\overline{\boldsymbol{w}}(t)$ и $\underline{\boldsymbol{w}}(t)$ вектора $\boldsymbol{w}(\boldsymbol{x}, t)$ в ограниченном промежутке t.

§ 1. Einleitung

Gegeben seien der Vektor $\boldsymbol{g}$ und ein unter Verwendung des Operators $\boldsymbol{T}$ dargestelltes System

$$\boldsymbol{T}[\boldsymbol{u}] - \boldsymbol{g} = \boldsymbol{o} \tag{1.1}$$

mit $\boldsymbol{o}$ als Nullvektor und mit dem Vektor $\boldsymbol{u}$ der Lösung(en). Es darf (1.1) umfassen: gewöhnliche Gleichungen, DGL (= Differentialgleichungen), Integralgleichungen und Integrodifferentialgleichungen sowie gegebenenfalls dazugehörige RB (= Randbedingungen). Auf Grund einer von COLLATZ [10] eingeführten Bezeichnung nennt man $\boldsymbol{T}$ „von monotoner Art" bzw. (1.1) eine Aufgabe „von monotoner Art", wenn

$$\left.\begin{array}{ll} \text{aus} & \boldsymbol{T}[\boldsymbol{v}] < \boldsymbol{T}[\boldsymbol{w}] \\ \text{oder} & \\ \text{aus} & \boldsymbol{T}[\boldsymbol{v}] \leqq \boldsymbol{T}[\boldsymbol{w}] \end{array}\right\} \text{ folgt, daß } \boldsymbol{v} \leqq \boldsymbol{w}\,, \tag{1.2}$$

wo alle Ungleichungen hier und im folgenden komponentenweise aufzufassen sind. Wie in [15] ausgeführt ist, hängt diese Monotonie von $\boldsymbol{T}$ eng damit zusammen, daß $\boldsymbol{T}$ „quasimonoton wachsend" im Sinn von [30, p. 42] ist. Wenn (1.1) von monotoner Art ist, ist jede die Ungleichung

$$\boldsymbol{T}[\underline{\boldsymbol{u}}] - \boldsymbol{g} \leqq \boldsymbol{o} \quad \text{bzw.} \quad \boldsymbol{T}[\overline{\boldsymbol{u}}] - \boldsymbol{g} \geqq \boldsymbol{o} \tag{1.3}$$

und geeignete Stetigkeits- bzw. Differenzierbarkeitsvoraussetzungen erfüllende Funktion $\underline{\boldsymbol{u}}$ (bzw. $\overline{\boldsymbol{u}}$) eine Unterfunktion (bzw. Oberfunktion) und damit eine untere (bzw. eine obere) Schranke von $\boldsymbol{u}$. Wie zuerst MÜLLER [18] 1927 gezeigt hat, kann man auch bei gewissen Klassen von Systemen (1.1) nicht monotoner Art Schranken $\underline{\boldsymbol{u}}$ und $\overline{\boldsymbol{u}}$ bestimmen, sofern dies simultan geschieht, während $\underline{\boldsymbol{u}}$ ohne Kenntnis von $\overline{\boldsymbol{u}}$ (und umgekehrt) bei Aufgaben von monotoner Art berechenbar ist, wo

$$\underline{\boldsymbol{u}} \leqq \boldsymbol{u} \leqq \overline{\boldsymbol{u}}\,. \tag{1.4}$$

Die Monotonieeigenschaft eines Operators $\boldsymbol{T}$ kann benutzt werden, um Existenz und/oder Eindeutigkeit der Lösung(en) $\boldsymbol{u}$ von (1.1) unter Verwendung geeigneter Folgen von Unter- sowie von Oberfunktionen zu zeigen. Das hat PERRON [27] zuerst 1914 durchgeführt. Eine neue und eng mit der vorliegenden Arbeit zusammenhängende Anwendung eines solchen Nachweises der Existenz und Eindeutigkeit liegt in der Dissertation [28] des zweiten Autors vor.

*) Institut für Angewandte Mathematik der Universität Karlsruhe. —
**) Institut für Angewandte Mathematik und Mechanik der DFVLR in Freiburg i. Br.

Die hier benutzte und im folgenden behandelte Theorie der Ungleichungen wird in den folgenden drei Monographien dargestellt: z. T. in dem 1961 erschienenen Buch von E. F. BECKENBACH und R. BELLMAN [9], in dem 1964 erschienenen Buch von W. WALTER [30] und in dem 1969 erschienenen zweibändigen Buch von V. LAKSHMIKANTHAM und S. LEELA [17].

Es sei (1.1) das „mathematische Modell" eines Problems der Naturwissenschaften oder der Technik. Bei solchen Aufgaben wird im allgemeinen stillschweigend mindestens die Existenz von Lösungen $\boldsymbol{u}$ vorausgesetzt, und es interessieren dann vor allem Aussagen über $\boldsymbol{u}$. Die Mehrzahl der heute aktuellen mathematischen Modelle (1.1) ist so kompliziert, daß strenge Lösungen $\boldsymbol{u}$ nicht bestimmt werden können und die Berechnung von Näherungslösungen $\boldsymbol{v}$ aufwendig ist. Außerdem ist $\boldsymbol{v}$ nur dann „zuverlässig", wenn entweder eine Fehlerabschätzung bzgl. des benutzten Algorithmus bekannt und durchgeführt ist oder aber (1.1) von monotoner Art ist und/oder ein geeigneter, darauf beruhender „Abschätzungssatz" zur Verfügung steht, siehe [30]. Auf Grund eines solchen Satzes kann man eine „Fehlerschranke" $\boldsymbol{\varrho} = |\boldsymbol{v} - \boldsymbol{u}|$ bestimmen, wo das Symbol $|\boldsymbol{v} - \boldsymbol{u}|$ geeignet definiert ist. Dabei werden wesentlich der Defekt der Näherungslösung und eine bestimmte Abschätzung des Operators $\boldsymbol{T}$ benutzt.

Äquivalent mit der Berechnung einer Fehlerschranke ist die im folgenden durchgeführte Bestimmung von Schranken $\underline{\boldsymbol{u}}$ und $\overline{\boldsymbol{u}}$ im Sinn von (1.3) und (1.4). Wenn (1.1) das mathematische Modell eines Problems der Naturwissenschaften oder der Technik ist, genügt im allgemeinen die Kenntnis von Schranken $\underline{\boldsymbol{u}}$ und $\overline{\boldsymbol{u}}$, sofern ihr Abstand $|\overline{\boldsymbol{u}} - \underline{\boldsymbol{u}}|$ hinreichend klein im Vergleich mit jeweils geeignet zu definierenden Größen ist. Wenn eine solche Abstandsbedingung erfüllt ist, ist offensichtlich die Kenntnis der Schranken $\overline{\boldsymbol{u}}$ und $\underline{\boldsymbol{u}}$ nützlicher als diejenige einer Näherungslösung $\boldsymbol{v}$ unbekannter Genauigkeit.

Wegen der Zulassung der Ungleichheitszeichen ist die Erfüllung von (1.3) durch $\overline{\boldsymbol{u}}$ bzw. $\underline{\boldsymbol{u}}$ im allgemeinen einfacher als die Lösung von (1.1) durch eine Funktion $\boldsymbol{u}$. GÖRTLER [13], [14] hat als erster auf die insbesondere dadurch bedingten Vorteile bei der Berechnung von Näherungslösungen solcher Probleme der Strömungsmechanik und der Theorie der Wärmeleitung hingewiesen, die durch Aufgaben von monotoner Art als mathematische Modelle beschrieben werden. GÖRTLER hat dabei auch den Nachweis der Eindeutigkeit der unbekannten exakten Lösung skizziert. NICKEL hat dann für solche Aufgaben in der Theorie der laminaren stationären oder instationären Grenzschichtströmungen inkompressibler Medien eine große Zahl von Aussagen über Eindeutigkeit, Randextrema und Näherungslösungen publiziert [19] bis [26].

Die Mehrzahl der in Naturwissenschaften und Technik interessierenden mathematischen Modelle (1.1) ist nicht von monotoner Art. Für einige Klassen solcher Aufgaben können aber Schranken $\underline{\boldsymbol{u}}$ und $\overline{\boldsymbol{u}}$ im Sinn des erwähnten Satzes von MÜLLER simultan so bestimmt werden, wie es hier in § 3—§ 7 geschieht. Wegen der Zulassung der Ungleichheitszeichen in (1.3) dürfen $\underline{\boldsymbol{u}}$ und $\overline{\boldsymbol{u}}$ Funktionen einer kleineren Zahl unabhängiger Variabler sein als $\boldsymbol{u}$ in (1.1). In diesem Sinn werden hier im folgenden Funktionen $\underline{\boldsymbol{u}}$ und $\overline{\boldsymbol{u}}$ einer unabhängigen Variablen als Lösungen geeignet definierter „Hilfsaufgaben"

$$\underline{\boldsymbol{T}}[\underline{\boldsymbol{u}}] - \boldsymbol{g} \leqq \boldsymbol{o} \quad \text{und} \quad \overline{\boldsymbol{T}}[\overline{\boldsymbol{u}}] - \boldsymbol{g} \geqq \boldsymbol{o} \tag{1.5}$$

bestimmt. Es werden insbesondere die Existenz und die Eindeutigkeit der Lösungen $\underline{\boldsymbol{u}}$ und $\overline{\boldsymbol{u}}$ in beschränkten Intervallen dieser unabhängigen Variablen gezeigt. Solche Hilfsaufgaben sind in den Arbeiten [1] bis [8], [28], [29] der Autoren benutzt.

Schranken $\underline{\boldsymbol{u}}$ und $\overline{\boldsymbol{u}}$ als Lösungen geeignet definierter Hilfsaufgaben können nicht nur im allgemeinen einfacher als die Lösung(en) $\boldsymbol{u}$ von (1.1) berechnet werden, sondern es können dabei auch „Datenintervalle" berücksichtigt werden. Wenn (1.1) das mathematische Modell eines außermathematischen Problems ist, sind dessen Daten meist nur ungenau bekannt, und die Koeffizienten in (1.1) lassen sich daher nicht als Zahlen oder Funktionen vorgeben. In vielen Fällen ist es aber sinnvoll, solche Daten auf geeignet vorzugebende „Datenintervalle" zu beschränken. Wenn in diesem Sinn z. B. in (1.1) jeder Vektor $\boldsymbol{g}$ in

$$\underline{\boldsymbol{g}} \leqq \boldsymbol{g} \leqq \overline{\boldsymbol{g}} \tag{1.6}$$

mit gegebenen Intervallrändern $\underline{\boldsymbol{g}}$ und $\overline{\boldsymbol{g}}$ zugelassen ist, so lauten die Hilfsaufgaben

$$\underline{\boldsymbol{T}}[\underline{\boldsymbol{u}}] - \underline{\boldsymbol{g}} \leqq \boldsymbol{o} \quad \text{und} \quad \overline{\boldsymbol{T}}[\overline{\boldsymbol{u}}] - \overline{\boldsymbol{g}} \geqq \boldsymbol{o}\,. \tag{1.7}$$

Entsprechend kann man auch Intervalle für andere, dazu geeignete Koeffizienten in (1.1) zulassen. Die Funktionen $\underline{\boldsymbol{u}}$ und $\overline{\boldsymbol{u}}$ sind dann Schranken der Menge aller Lösungen, die sich auf eine durch Datenintervalle bestimmte Menge von Aufgaben der Art (1.1) bezieht.

Die Ausnutzung der erwähnten Eigenschaften relativ einfacher Berechenbarkeit von $\underline{\boldsymbol{u}}$ und $\overline{\boldsymbol{u}}$ und Berücksichtigung von Datenintervallen setzt voraus, daß entweder (1.1) eine Aufgabe von monotoner Art ist oder daß $\underline{\boldsymbol{u}}$ und $\overline{\boldsymbol{u}}$ im Sinn des Satzes von MÜLLER oder seiner Verallgemeinerungen bestimmt werden. Entsprechend den Ausführungen in § 2 sind nur spezielle, durch Systeme der Art (1.1) beschriebene Aufgaben der Naturwissenschaften oder der Technik von monotoner Art. Die im folgenden unter Verwendung der Hilfsaufgaben (1.5) bestimmten Funktionen $\underline{\boldsymbol{u}}$ und $\overline{\boldsymbol{u}}$ einer unabhängigen Variablen gestatten die Behandlung mehrerer Klassen der im allgemeinsten Sinn aufgefaßten Strömungsmechanik. Dabei darf der Operator $\boldsymbol{T}$ neben parabolischen Gleichungen auch andere Gleichungen enthalten, wenn die zugehörigen Komponenten des Lösungsvektors $\boldsymbol{u}$ nur in Intervallen mit gegebenen Intervallrändern der Art $\underline{\boldsymbol{g}}$ und $\overline{\boldsymbol{g}}$ variieren können, siehe hierzu die Arbeiten [1] bis [8] der Autoren.

§ 2. Über den Satz von Müller, das Lemma von Nagumo und Westphal und publizierte Anwendungen

Der erwähnte, 1927 von MÜLLER bewiesene Satz [30, p. 83] bezieht sich auf AWA (= Anfangswertaufgaben)

$$\begin{gathered}\boldsymbol{u}'(t) - \boldsymbol{f}(t, \boldsymbol{u}) = \boldsymbol{o} \quad \text{in} \quad 0 < t \leqq b < \infty\,, \ \boldsymbol{u}(0) - \boldsymbol{\eta} = \boldsymbol{o} \\ \text{mit } b \text{ und } \boldsymbol{\eta} \text{ fest gegeben, } \boldsymbol{u} := (u_1, \ldots, u_N) \text{ und } \boldsymbol{\eta} := (\eta_1, \ldots, \eta_N)\,.\end{gathered} \tag{2.1}$$

Über $\boldsymbol{f}$ wird nach [30, p. 83] nur vorausgesetzt, daß $\boldsymbol{f}$ in einem bestimmten Definitionsbereich gegeben und reellwertig ist. Der Satz von MÜLLER [18] lautet:

Satz 2.1: *Wenn*

$$\left.\begin{aligned}&\underline{u}_k(0) < \eta_k < \bar{u}_k(0) \ \textit{sowie} \\ &\underline{u}_k'(t) - f_k(t, \underline{u}_k, u_l) < 0 \\ &\bar{u}_k'(t) - f_k(t, \bar{u}_k, u_l) > 0\end{aligned}\right\} \quad \textit{in } 0 < t \leqq b_0 \leqq b\,, \textit{ mit } \underline{u}_l \leqq u_l \leqq \bar{u}_l \tag{2.2}$$

$$\textit{für } k = 1, \ldots, N \textit{ und } l = 1, \ldots, k-1, k+1, \ldots, N$$

gelten, so folgt

$$\underline{u}_k(t) < u_k(t) < \bar{u}_k(t) \quad \textit{mit} \quad k = 1, \ldots, N \tag{2.3}$$

für jedes feste $t \in (0, b_0]$.

WALTER hat diesen Satz von MÜLLER auf eine Klasse von Systemen parabolischer RWA (= Randwertaufgaben) verallgemeinert, siehe dazu [30, p. 235]. Der Bereich G der unabhängigen Variablen sei durch

$$G: = \{(\boldsymbol{x}, t): \boldsymbol{x} = (x_1, \ldots, x_n) \in K\,, \quad 0 < t \leqq b < \infty\} \tag{2.4}$$

gegeben. Auf G ist das folgende System parabolischer DGL'n definiert:

$$\begin{gathered}P_k[\boldsymbol{u}] := \frac{\partial u_k}{\partial t} - f_k\left(\boldsymbol{x}, t, \boldsymbol{u}, \frac{\partial u_k}{\partial x_i}, \frac{\partial^2 u_k}{\partial x_i\, \partial x_j}\right) = 0 \text{ in } G\,, \\ \text{mit } \boldsymbol{u} := (u_1, \ldots, u_N) \quad \text{und} \quad k = 1, \ldots, N\,.\end{gathered} \tag{2.5}$$

Über die Funktionen f_k wird vorausgesetzt, daß sie gegeben und reellwertig in G sind, und daß sie bzgl. des Auftretens der zweiten Ableitungen parabolisch sind, siehe § 3. Der parabolische Rand R_G bestehe aus den disjunkten Randabschnitten R_μ mit $\mu = 1, 2, 3$:

$$R_G: = \bar{G} - G = R_1 \cup R_2 \cup R_3 \quad \text{mit} \quad R_1: = \{(\boldsymbol{x}, 0): \boldsymbol{x} \in \bar{K}\}\,. \tag{2.6}$$

Auf R_ν mit $\nu = 1, 2$ sei die 1. RB vorgeschrieben:

$$\begin{gathered}R_{k\nu}[u_k] := u_k(\boldsymbol{x}, t) - \eta_k(\boldsymbol{x}, t) = 0\,, \quad \text{auf} \quad R_\nu \text{ mit } \nu = 1, 2 \\ \text{und } \eta_k(\boldsymbol{x}, t) \text{ als stetigen Funktionen auf } R_1 \cup R_2 \text{ gegeben.}\end{gathered} \tag{2.7}$$

Auf R_3 sei mit n_a als der auf R_3 aus G zeigenden Normalenrichtung

$$\begin{gathered}R_{k3}[\boldsymbol{u}] := \frac{\partial u_k}{\partial n_a} + \theta_k(\boldsymbol{x}, t, \boldsymbol{u}) = 0 \text{ auf } R_3\,, \\ \text{mit } \theta_k = \theta_k(\boldsymbol{x}, t, \boldsymbol{u}) \text{ als stetiger Funktion auf } R_{k3} \text{ gegeben,} \\ \text{wo } \theta_k \text{ schwach monoton fallend in } \boldsymbol{u} \text{ bei festem } u_k \text{ sein muß, siehe [30, p. 42].}\end{gathered} \tag{2.8}$$

Die von WALTER bewiesene Verallgemeinerung des Satzes von MÜLLER lautet unter Verzicht auf explizite Angabe solcher Voraussetzungen, die beim Vergleich dieses mit dem in § 3—§ 7 bewiesenen Satz unerheblich sind:

Satz 2.2: *Es mögen gelten:*

$$\begin{aligned}&R_{k\nu}[\underline{u}_k] < R_{k\nu}[u_k] = 0 < R_{k\nu}[\bar{u}_k] \ \textit{auf } R_\nu \textit{ mit } \nu = 1, 2, \\ &R_{k3}[\underline{u}_k, u_l] < R_{k3}[\boldsymbol{u}] = 0 < R_{k3}[\bar{u}_k, u_l] \ \textit{auf } R_3\,, \\ &P_k[\underline{u}_k, u_l] < P_k[\boldsymbol{u}] = 0 < P_k[\bar{u}_k, u_l] \ \textit{in } G\,, \\ &\textit{mit } k = 1, \ldots, N \textit{ und } l = 1, \ldots, k-1, k+1, \ldots, N, \textit{ sowie} \\ &\underline{u}_l \leqq u_l \leqq \bar{u}_l\,.\end{aligned} \tag{2.9}$$

Dann folgt

$$\underline{\boldsymbol{u}}(\boldsymbol{x}, t) < \boldsymbol{u}(\boldsymbol{x}, t) < \bar{\boldsymbol{u}}(\boldsymbol{x}, t) \ \textit{für jedes feste } (\boldsymbol{x}, t) \in (G \cup R_3)\,. \tag{2.10}$$

Es ist in Satz 2.1 und in Satz 2.2 nicht vorausgesetzt, daß $\boldsymbol{f}$ quasimonoton im Sinn von [30, p. 42] bzgl. $\boldsymbol{u}$ wächst. Diese Eigenschaft liegt für eine Funktion $\boldsymbol{F}(\boldsymbol{y}, \boldsymbol{z})$ bzgl. $\boldsymbol{z}$ vor, wenn

$$\begin{gathered}F_k(\boldsymbol{y}, \boldsymbol{z}_{\mathrm{I}}) \leqq F_k(\boldsymbol{y}, \boldsymbol{z}_{\mathrm{II}}) \quad \text{für} \quad \boldsymbol{z}_{\mathrm{I}} \leqq \boldsymbol{z}_{\mathrm{II}}\,, \quad \text{aber} \quad z_{\mathrm{I}k} = z_{\mathrm{II}k} \\ \text{mit } k = 1, \ldots, N\end{gathered} \tag{2.11}$$

gilt. Wenn der Vektor f diese Eigenschaft hat, sind die den Sätzen 2.1 und 2.2 zugrunde liegenden AWA bzw. RWA von monotoner Art. Es gilt insbesondere nach [30, p. 236], und zwar wieder unter Verzicht auf vollständige Angabe aller Voraussetzungen:

Satz 2.3: *Es seien f und $-\Theta$ quasimonoton wachsend in u. Es seien*

$$\begin{aligned} &R_{k\nu}[\underline{u}_k] < R_{k\nu}[u_k] = 0 \text{ auf } R_\nu \text{ mit } \nu = 1, 2, \\ &R_{k3}[\underline{u}] < R_{k3}[u] = 0 \text{ auf } R_3, \\ &P_k[\underline{u}] < P_k[u] = 0 \text{ in } G. \end{aligned} \tag{2.12}$$

Dann gilt

$$\underline{u}(x, t) < u(x, t) \text{ für jedes feste } (x, t) \in (G \cup R_3). \tag{2.13}$$

Ein entsprechender Satz gilt auch für den Zusammenhang zwischen $\bar{u}$ und u. Für $N = 1$ geht Satz 2.3 in den Spezialfall des Lemmas von NAGUMO und WESTPHAL über, siehe [30, p. 166].

Wie erwähnt, haben GÖRTLER und NICKEL in den in § 1 erwähnten Arbeiten [13], [14], [19], [20], [21], [22], [24], [25], [26] das Lemma von NAGUMO und WESTPHAL auf parabolische RWA der Strömungsmechanik mit $N = 1$ angewendet. Mit Zulassung der in § 1 erwähnten Datenintervalle ist in [5] eine nichtisotherme instationäre Kanalströmung unter Verwendung des Lemmas von NAGUMO und WESTPHAL behandelt worden, für die $n = 3$ und $N = 1$ wegen Einschließung aller Feldgrößen bis auf eine in Datenintervalle gilt. Dagegen kann z. B. das in [3] behandelte Problem aus der Theorie kompressibler Grenzschichten mit $n = 2$ und $N = 2$ nicht mit diesem Lemma, wohl aber unter Verwendung des hier in § 3—§ 7 bewiesenen Satzes behandelt werden. Das in [6] behandelte Problem einer chemisch reaktionsfähigen Kanalströmung mit $n = 3$ läßt sich zwar im isothermen Fall (mit dann $N = 2$) durch Satz 2.2 behandeln, verlangt aber im nichtisothermen Fall (mit dann $N = 3$) die Anwendung des in § 3—§ 7 bewiesenen Satzes.

Zu den in der Literatur als Aufgaben von monotoner Art bewiesenen speziellen Systemen der Art (1.1) gehören auch

(a) bestimmte Klassen von Systemen gewöhnlicher Gleichungen, siehe z. B. [12, p. 296 ff],

(b) AWA mit einer gewöhnlichen DGL 1. Ordnung, s. z. B. [30, p. 54 ff],

(c) RWA mit einer bestimmten Klasse elliptischer DGL, s. z. B. [12, p. 305 ff.]

(d) Systeme VOLTERRAscher Integralgleichungen mit monoton wachsenden Integraloperatoren, s. z. B. [30, p. 41 ff.] und

(e) bestimmte Klassen von Integro-Differentialgleichungen, s. [23] und [28].

Diese Systeme sind zwar von monotoner Art, gestatten aber nur in sehr speziellen Fällen Anwendungen auf RWA mit Systemen partieller DGL, welche als mathematische Modelle für Probleme der im allgemeinsten Sinn aufgefaßten Strömungsmechanik dienen.

In [12, p. 307] ist eine Anwendung auf spezielle Aspekte des Torsionsproblems behandelt, wobei dann nur eine elliptische DGL wesentlich ist. In den erwähnten Arbeiten [23] und [28] werden Integro-Differentialgleichungen im Zusammenhang mit der Theorie der Aufgaben von monotoner Art behandelt. Dabei dürfen allerdings in [28] nur 1. partielle Ableitungen auftreten, während der hier in § 3—§ 7 bewiesene Satz auch Ableitungen 2. Ordnung nach nicht parabolischen Variablen zuläßt. Bei Anwendung auf die im allgemeinsten Sinn aufgefaßte Strömungsmechanik ermöglicht dieser Satz, in den Bilanzgleichungen neben den durch 1. und 2. partielle Ableitungen nach nicht parabolischen Variablen ausgedrückten „räumlichen Nahwirkungen" auch die durch Integrale ausgedrückten „räumlichen Fernwirkungen" z. B. des Energietransports durch Strahlung zu berücksichtigen. In der Kurzfassung [29] des hier in § 3—§ 7 bewiesenen Satzes sind auch „zeitliche Fernwirkungen" im Sinn der Nachwirkungen bei Medien mit Gedächtnis für Vorgeschichte zugelassen. Eine ausführliche Darstellung dieses Falls wird an anderer Stelle erscheinen.

§ 3. Definition der Randwertaufgabe

Es seien K ein beschränktes Gebiet des R^n und G der folgende Bereich

$$G := \{(x, t) : x \in K,\ 0 < t \leqq b < \infty\}. \tag{3.1}$$

Auf G sei das folgende System von Integro-Differentialgleichungsoperatoren definiert

$$P_k[w] := \frac{\partial w_k}{\partial t} - f_k\left(x, t, w, \frac{\partial w}{\partial x_i}, \frac{\partial^2 w}{\partial x_i\, \partial x_j}, F_k(x, t)\Big|_w\right) \tag{3.2}$$

in G für $k = 1, \ldots, N$ und $i, j = 1, \ldots, n$. Dabei seien die F_k Funktionale folgender Bauart

$$F_k := F_k(x, t)|_w := \int_{\xi \in K} F_k^*(x, \xi, t, w(\xi, t))\, d\xi_1, \ldots, d\xi_n, \tag{3.3}$$

welche also von x und von t als Parametern abhängen. Die Integrationen in (3.3) müssen nicht notwendig über alle $\xi = (\xi_1, \ldots, \xi_n) \in K$ erstreckt werden, und sie müssen auch nicht notwendig bzgl. aller Koordinaten $\xi_1, \ldots, \xi_n$ ausgeführt werden. Es wird vorausgesetzt (die im folgenden durchnumerierten Voraussetzungen sind durch die Abkürzung V gekennzeichnet):

V-3.1: Es sei $F_k|_w$ in jeder Komponente w_j von w bei festgehaltenen übrigen Komponenten innerhalb eines geeignet vorgeschriebenen Intervalles $\underline{W} \leqq w \leqq \overline{W}$ schwach monoton steigend oder fallend; es ist dabei beliebig, bei welchen Komponenten „steigend" und bei welchen „fallend" gilt. Es sei $F_{k|w}$ eine stetige Funktion von x, t und w, und zwar für $(x, t) \in \bar{G}$ und mit w aus $\underline{W} \leqq w \leqq \overline{W}$.

Funktionale der Bauart (3.3), die V-3.1 erfüllen, treten in der Kontinuumsmechanik z. B. bei der Behandlung des Energietransports durch Strahlung auf; sie beschreiben „Fernwirkungen", während sich die Ableitungen unter den Argumenten von f_k in (3.2) auf Nahwirkungen beziehen, wie z. B. Wärmeleitung, Diffusion, usw.

V-3.2: Die Funktionen f_k mögen in Abhängigkeit von der $n \times n$-Matrix $\frac{\partial^2 w_k}{\partial x_i \partial x_j}$ schwach monoton wachsen, d. h. es gelte mit Vektoren $\boldsymbol{w}_k$, deren Definition im Anschluß an (3.4) genannt ist,

$$f_k\left(\boldsymbol{x}, t, \boldsymbol{w}, \frac{\partial \boldsymbol{w}}{\partial x_i}, \left(\frac{\partial^2 w_k}{\partial x_i \partial x_j}, \boldsymbol{r}_1\right), F_k|_{\boldsymbol{w}}\right) \leqq f_k\left(\boldsymbol{x}, t, \boldsymbol{w}, \frac{\partial \boldsymbol{w}}{\partial x_i}, \left(\frac{\partial^2 w_k}{\partial x_i \partial x_j}, \boldsymbol{r}_2\right), F_k|_{\boldsymbol{w}}\right) \text{für } \boldsymbol{r}_1 \leqq \boldsymbol{r}_2$$

für beliebige reelle $n \times n$-Matrizen $\boldsymbol{r}_1$ und $\boldsymbol{r}_2$ mit $\boldsymbol{r}_1 \leqq \boldsymbol{r}_2$, d. h. $\boldsymbol{r}_2 - \boldsymbol{r}_1$ positiv semidefinit. Systeme mit dieser Eigenschaft werden als parabolisch bezeichnet, vergl. z. B. [30, p. 161]. Unter den Argumenten von f_k müssen die 1. und/oder 2. partiellen Ableitungen nach den x_i nicht alle vorkommen. Es dürfen daher neben t auch eine oder mehrere der x_i parabolische Variablen sein, sofern die RB dem entsprechen. Alle Funktionen $\boldsymbol{w}$, auf die der Operator P_k angewendet wird, sollen in dem Intervall $[\underline{\boldsymbol{W}}, \overline{\boldsymbol{W}}]$ enthalten und in $\overline{G}$ stetig sein und so oft in G bzw. $\overline{G}$ stetig differenzierbar, wie es die höchsten im Gleichungssystem auftretenden jeweiligen Ableitungsordnungen verlangen. Es soll f_k eine stetige Funktion aller (schon als stetig vorausgesetzten) Argumente sein und zwar für $\underline{\boldsymbol{W}} \leqq \boldsymbol{w} \leqq \overline{\boldsymbol{W}}$ sowie $(\boldsymbol{x}, t) \in \overline{G}$ und allen endlichen Werten der übrigen Argumente von f_k. Es soll bei Einsetzen einer Funktion $w_k^* = w_k^*(t)$ an Stelle von $w_k(\boldsymbol{x}, t)$ die Funktion f_k in eine Funktion g_k übergehen, unter deren Argumenten Ableitungen nach den Komponenten von $\boldsymbol{x}$ nicht vorkommen.

Um hier und im folgenden eine bequeme Schreibweise zur Verfügung zu haben, wird folgende Abkürzung eingeführt: es sei

$$\begin{aligned}
&V_k := \{(v_1, \ldots, v_{k-1}, v_{k+1}, \ldots, v_N): \\
&v_l \text{ für } l = 1, \ldots, N,\ l \neq k, \text{ stetig und hinreichend oft stetig differenzierbar;} \\
&\underline{W}_l \leqq \underline{w}_l \leqq v_l \leqq \overline{w}_l \leqq \overline{W}_l \text{ mit vorgegebenen } \underline{w}_l, \overline{w}_l\}\,. \\
&\text{Mit } \boldsymbol{v}_k \text{ seien die Elemente von } V_k \text{ bezeichnet: } \boldsymbol{v}_k \in V_k\,,
\end{aligned} \tag{3.4}$$

und es sei $(u, \boldsymbol{v}_k)$ der Vektor $(v_1, \ldots, v_{k-1}, u, v_{k+1}, \ldots, v_N)$. Die Grenzen $\underline{w}_l, \overline{w}_l$ werden in dem Symbol $\boldsymbol{v}_k$ nicht eigens aufgeführt, da aus dem Zusammenhang stets klar ist, welche Grenzen zu nehmen sind. Entsprechend wird das Symbol $\boldsymbol{w}_k$ benutzt: es bestehe $\boldsymbol{w}_k$ aus den Komponenten von $\boldsymbol{w}$ mit Ausnahme der k-ten, also $\boldsymbol{w} = (w_k, \boldsymbol{w}_k)$.

Gemäß V-3.2 soll also bei Einsetzen eines $w_k^*(t)$ in P_k gelten

$$P_k[(w_k^*(t), \boldsymbol{v}_k(\boldsymbol{x}, t))] =: \frac{dw_k^*(t)}{dt} - g_k(\boldsymbol{x}, t, (w_k^*(t), \boldsymbol{v}_k)\,,\ F_k(\boldsymbol{x}, t)|_{(w_k^*, \boldsymbol{v}_k)})\,. \tag{3.5}$$

Weite Problemklassen der Kontinuumsmechanik führen auf Operatoren P_k der in (3.2) angegebenen Bauart, bei denen nicht nur 2. und/oder 1. partielle Ableitungen von $w_k(\boldsymbol{x}, t)$, sondern auch von $\boldsymbol{v}_k(\boldsymbol{x}, t)$ nach $\boldsymbol{x}$ vorkommen, für die aber die in V-3.2 genannte Eigenschaft erfüllt ist; s. z. B. [3] und [6].

Das System der N Funktionalgleichungen (3.2) wird ergänzt durch RB. Der parabolische Rand $R_G := \overline{G} - G$ des Bereichs G, siehe [30, p. 159 f.] besteht aus den disjunkten Randabschnitten R_1, R_2, R_3 mit $R_G = R_1 \cup R_2 \cup R_3$, wobei $R_1 := \{(\boldsymbol{x}, 0): \boldsymbol{x} \in \overline{K}\}$ ist, und wo auf R_2 die erste RB und auf R_3 verschwindende Normalableitung vorgeschrieben sind:

$$R_{k\nu}[w_k] := w_k(\boldsymbol{x}, t) - \eta_k(\boldsymbol{x}, t) \quad \text{auf} \quad R_\nu \text{ und } R_{k3}[w_k] := \frac{\partial w_k}{\partial n_a} \text{auf } R_3 \tag{3.6}$$

mit $\nu = 1, 2$ und $\eta_k(\boldsymbol{x}, t)$ als stetiger Funktion von $\boldsymbol{x}$ und t in $R_1 \cup R_2$ sowie mit n_a als der Richtung der äußeren Normalen auf R_3.

V-3.3: Es gelte $\frac{\partial w_k}{\partial n_a} = 0$ auf R_3 oder aber $R_3 = \emptyset$.

Es wird die folgende Funktionalgleichungs-RWA betrachtet:

$$P_k[\boldsymbol{w}] = 0 \text{ in } G \text{ und } R_{k\mu}[\boldsymbol{w}] = 0 \text{ auf } R_\mu \text{ mit } k = 1, \ldots, N \text{ und } \mu = 1, 2, 3 \tag{3.7}$$

sowie P_k aus (3.2) und $R_{k\mu}$ aus (3.6).

Es werde vorausgesetzt

V-3.4: Die speziellere RWA als (3.7), nämlich nur die k-te Gleichung des Systems (3.7) für die entkoppelte Funktion v_k,

$$\begin{aligned}
&P_k[(v_k, \boldsymbol{v}_k)] = 0 \text{ in } G \text{ und } R_{k\mu}[(v_k, \boldsymbol{v}_k)] = 0 \text{ auf } R_\mu \\
&\text{mit } k = 1, \ldots, N \text{ und } \mu = 1, 2, 3 \text{ sowie beliebigen, aber fest gewählten Funktionen } \boldsymbol{v}_k(\boldsymbol{x}, t) \\
&\text{der in (3.4) erklärten Art sei bzgl. der Funktion } v_k(\boldsymbol{x}, t) \text{ von monotoner Art} \\
&\text{unter Zulassung des Gleichheitszeichens, s. (1.2).}
\end{aligned} \tag{3.8}$$

Es werden Schranken $\underline{w}_k = \underline{w}_k(t)$ und $\overline{w}_k = \overline{w}_k(t)$ der folgenden Art gesucht:

$$\begin{aligned} &\underline{W}_k \leqq \underline{w}_k(t) \leqq w_k(\boldsymbol{x}, t) \leqq \overline{w}_k(t) \leqq \overline{W}_k, \quad k = 1, \ldots, N, && \text{bzw.} \\ &\underline{\boldsymbol{W}} \leqq \underline{\boldsymbol{w}}(t) \leqq \boldsymbol{w}(\boldsymbol{x}, t) \leqq \overline{\boldsymbol{w}}(t) \leqq \overline{\boldsymbol{W}}. && \text{für festes } (\boldsymbol{x}, t) \in \overline{G} \end{aligned} \tag{3.9}$$

Es wird vorausgesetzt:

V-3.5: Die Funktionen g_k der in (3.5) erklärten Art sollen unter Verwendung einer Konstanten M gleichmäßig in G die folgende LIPSCHITZbedingung erfüllen:

$$\begin{aligned} &|g_k(\boldsymbol{x}, t, \boldsymbol{y}(\boldsymbol{x}, t), F_k(\boldsymbol{x}, t)|_{\boldsymbol{y}}) - g_k(\boldsymbol{x}, t, \boldsymbol{z}(\boldsymbol{x}, t), F_k(\boldsymbol{x}, t)|_{\boldsymbol{z}})| \leqq M \sum_{j=1}^{N} \sup_{\boldsymbol{x} \in \overline{K}} |y_j(\boldsymbol{x}, t) - z_j(\boldsymbol{x}, t)| \\ &\text{mit } M = \text{const in } G \text{ für} \\ &\underline{\boldsymbol{W}} \leqq \boldsymbol{y} \leqq \overline{\boldsymbol{W}}, \quad \underline{\boldsymbol{W}} \leqq \boldsymbol{z} \leqq \overline{\boldsymbol{W}} \text{ in } \overline{G}. \end{aligned} \tag{3.10}$$

V-3.6: Es seien die Funktionen $g_k(\boldsymbol{x}, t, \boldsymbol{w}, F_k(\boldsymbol{x}, t)|_{\boldsymbol{w}})$ mit $k = 1, \ldots, N$ bzgl. der für jedes feste l mit $l = 1, \ldots, k-1, k+1, \ldots, N$ genommenen Komponenten w_l von $\boldsymbol{w}$ schwach monoton steigend oder fallend, und zwar bzgl. des Auftretens von w_l im 3. und im 4. Argument von g_k gleichsinnig. Dann ist g_k wegen V-3.1 schwach monoton in F_k, wobei ohne Beschränkung der Allgemeinheit schwach monoton steigend angenommen werden kann. Wenn keine Funktionale auftreten, entfällt auch V-3.6.

§ 4. Definition der gesuchten Schranken

Hiermit sind die in § 3 behandelten Systeme (3.7) von Funktionalgleichungs-Randwertaufgaben erklärt, und es beginnt die Konstruktion der in (3.9) genannten Schranken. Es sollen die Komponenten von $\underline{\boldsymbol{w}}(t)$ und $\overline{\boldsymbol{w}}(t)$ Lösungen der folgenden $2N$ AWA sein:

$$\begin{aligned} &\frac{d\underline{w}_k(t)}{dt} - \inf_{\underline{w}_l \leqq v_l(\boldsymbol{x}, t) \leqq \overline{w}_l} g_k\big(\boldsymbol{x}, t, (\underline{w}_k(t), \boldsymbol{v}_k(\boldsymbol{x}, t)), F_k(\boldsymbol{x}, t)|_{(\underline{w}_k, \boldsymbol{v}_k)}\big) = 0, \quad l \neq k, \ \boldsymbol{x} \in \overline{K} \\ &\underline{w}_k(0) \text{ fest, mit } \underline{w}_k(0) \leqq \inf_{\boldsymbol{x} \in R_1} \eta_k(\boldsymbol{x}, 0) \end{aligned} \tag{4.1}$$

und

$$\begin{aligned} &\frac{d\overline{w}_k(t)}{dt} - \sup_{\underline{w}_l \leqq v(\boldsymbol{x}_l, t) \leqq \overline{w}_l} g_k\big(\boldsymbol{x}, t, (\overline{w}_k, \boldsymbol{v}_k(\boldsymbol{x}, t)), F_k(\boldsymbol{x}, t)|_{(\overline{w}_k, \boldsymbol{v}_k)}\big) = 0, \quad l \neq k \ \boldsymbol{x} \in \overline{K}, \\ &\overline{w}_k(0) \text{ fest, mit } \overline{w}_k(0) \geqq \sup_{\boldsymbol{x} \in R_1} \eta_k(\boldsymbol{x}, 0). \end{aligned} \tag{4.2}$$

Die Lösungen $\overline{\boldsymbol{w}}(t)$, $\underline{\boldsymbol{w}}(t)$ dieses Systems von AWA sind als Schranken nur in einem solchen t-Intervall brauchbar, in dem die im folgenden genannten Nebenbedingungen erfüllt sind. Falls $R_2 \neq \emptyset$, kann die Schrankeneigenschaft nur vorliegen, wenn die Ungleichungen

$$\underline{w}_k(t) \leqq \inf_{\boldsymbol{x} \in R_2} \eta_k(\boldsymbol{x}, t) \quad \text{und} \quad \overline{w}_k(t) \geqq \sup_{\boldsymbol{x} \in R_2} \eta_k(\boldsymbol{x}, t) \tag{4.3}$$

beide erfüllt sind. Diese Bedingung entfällt, wenn für $t > 0$ nur die 2. RB vorgeschrieben ist. Aus der LIPSCHITZ-Bedingung (3.10) wird in § 5, § 6 die Existenz und Eindeutigkeit der Lösung von (4.1), (4.2) gefolgert werden. Da diese Bedingung gemäß (3.10) nur für das Intervall $\underline{\boldsymbol{W}} \leqq \boldsymbol{w} \leqq \overline{\boldsymbol{W}}$ zur Verfügung steht, kann auch durch die Nebenbedingung

$$\underline{\boldsymbol{W}} \leqq \underline{\boldsymbol{w}} \leqq \overline{\boldsymbol{w}} \leqq \overline{\boldsymbol{W}} \tag{4.4}$$

das brauchbare Intervall eingeschränkt werden. Die Erfüllung dieser zwei Nebenbedingungen ist im Einzelfall nachzuprüfen. Im allgemeinen sind beide gleichzeitig nur für ein Teilintervall $0 \leqq t \leqq b_0$ des in (3.1) betrachteten Intervalles $0 \leqq t \leqq b$ erfüllt. Wenn die Anfangswerte in (4.1), (4.2) für die Oberfunktionen vergrößert und für die Unterfunktionen verkleinert werden, wird ein durch diese Nebenbedingungen begrenztes Gültigkeitsintervall der Schranken bzgl. t evtl. verlängert, wie aus § 7 hervorgeht.

Jeder der $2N$ Differentialoperatoren in (4.1), (4.2) hängt nur von den Argumenten t, $\underline{\boldsymbol{w}}(t)$, $\overline{\boldsymbol{w}}(t)$ ab, da in $\sup g_k$ und $\inf g_k$ für $k = 1, \ldots, N$ die Abhängigkeit von $\boldsymbol{x} \in \overline{K}$ entfällt und auf Grund der in V-3.6 postulierten Monotonieeigenschaft die Abhängigkeit von den N Komponenten des Vektors $(\underline{w}_k, \boldsymbol{v}_k)$ bzw. $(\overline{w}_k, \boldsymbol{v}_k)$ durch eine Abhängigkeit von N der $2N$ Komponenten der Vektoren $\underline{\boldsymbol{w}}$, $\overline{\boldsymbol{w}}$ ersetzt wird, s. § 3.

Damit durch (4.1), (4.2) überhaupt Schranken erhalten werden können, muß die Existenz von Lösungen dieses Systems nachgewiesen werden. Dies wird in § 6 durch den Nachweis der Erfüllung einer LIPSCHITZ-Bedingung erfolgen. Um diese auf die in V-3.5 vorausgesetzte LIPSCHITZ-Bedingung für die g_k zurückzuführen, wird in § 5 festgestellt, daß die Infima bzw. Suprema an gewissen der Intervallränder von $\underline{\boldsymbol{w}}(t) \leqq \boldsymbol{w} \leqq \overline{\boldsymbol{w}}(t)$ angenommen werden.

§ 5. Über die Werte von inf g_k und sup g_k

Wenn es sich bei g_k lediglich um eine stetige Schachtelfunktion handeln würde, dann wäre es von vornherein klar, daß die in (4.1), (4.2) für festes t gebildeten Suprema und Infima für festes t in dem kompakten Bereich $\overline{K}$, $\underline{w}_l(t) \leqq v_l(\boldsymbol{x}, t) \leqq \overline{w}_l(t)$ angenommen werden, während das bei Funktionalen bekanntlich nicht in dieser Allgemeinheit zutrifft. In dem hier betrachteten Fall sichert jedoch V-3.6, daß die Suprema und Infima doch angenommen werden, und zwar für gewisse der Intervallränder von $[\underline{w}_l(t), \overline{w}_l(t)]$, $l = 1, \ldots, N$.

Nach V-3.6 ist $g_k(\boldsymbol{x}, t, (\overline{w}_k(t), \boldsymbol{v}_k), F_k(\boldsymbol{x}, t)|_{(\overline{w}_k, \boldsymbol{v}_k)})$ bei festen $\boldsymbol{x}, t$ in jeder Komponente v_l von $\boldsymbol{v}_k$ schwach monoton steigend oder fallend; das gilt unter Berücksichtigung der Abhängigkeit von $\boldsymbol{v}_k$ an beiden Stellen des Auftretens als Argument, und zwar gleichsinnig mit der nach V-3.1 vorliegenden Monotonie von $F_k|_{(\overline{w}_k, v_k)}$. Also muß bei festen $\boldsymbol{x}$, t und festen übrigen Argumenten die Funktion g_k in Abhängigkeit nur von v_l ihren Größtwert an einem der Intervallenden $\underline{w}_l(t)$, $\overline{w}_l(t)$ annehmen. Sei die in Abhängigkeit von k bei festen $\boldsymbol{x}$, t zu treffende Auswahl unter den Komponenten von $\underline{\boldsymbol{w}}_k$, $\overline{\boldsymbol{w}}_k$, für die g_k maximal wird, mit $\boldsymbol{q}_k^+$ bezeichnet und entsprechend mit $\boldsymbol{q}_k^-$ der Satz der restlichen Vektorenkomponenten, für die also g_k minimal wird. Setzt man $\boldsymbol{q}_k^+$ in g_k ein, d. h. bildet man den Ausdruck

$$g_k(\boldsymbol{x}, t, (w_k(t), \boldsymbol{q}_k^+(t)) , F_k(\boldsymbol{x}, t)|_{(\overline{w}_k(t), \boldsymbol{q}_k^+(t))}) , \tag{5.1}$$

dann liegt eine stetige Funktion in $\boldsymbol{x}$ und t vor; insbesondere geht das Funktional F_k in eine gewöhnliche Schachtelfunktion von $\boldsymbol{x}$, t über, da $\overline{w}_k(t)$, $\boldsymbol{q}_k^+(t)$ nicht mehr von ξ abhängen und also die Integration über ξ in (3.3) unabhängig von $\overline{\boldsymbol{w}}(t)$, $\underline{\boldsymbol{w}}(t)$ ausgeführt werden kann. Also nimmt die in (5.1) angegebene Funktion g_k bei festem t ihren Größtwert für ein $\boldsymbol{x}^+ \in \overline{K}$ wegen der Kompaktheit von $\overline{K}$ an:

$$\sup_{\substack{\underline{w}_l \leqq v_l(\boldsymbol{x},t) \leqq \overline{w}_l \\ \boldsymbol{x} \in \overline{K}, \quad l \neq k}} g_k(\boldsymbol{x}, t, (\overline{w}_k, v_k(\boldsymbol{x}, t)), F_k(\boldsymbol{x}, t)|_{(\overline{w}_k, \boldsymbol{v}_k)}) = g_k(\boldsymbol{x}^+, t, \overline{w}_k(t), \boldsymbol{q}_k^+(t), F_k(\boldsymbol{x}^+, t)|_{(\overline{w}_k(t)\, \boldsymbol{q}_k^+(t))}) . \tag{5.2}$$

Ganz entsprechend folgt, daß

$$\inf_{\substack{\underline{w}_l \leqq v_l(\boldsymbol{x},t) \leqq \overline{w}_l \\ \boldsymbol{x} \in \overline{K}, \quad l \neq k}} g_k(\boldsymbol{x}, t, (\underline{w}_k, \boldsymbol{v}_k(\boldsymbol{x}, t)), F_k(\boldsymbol{x}, t)|_{(\underline{w}_k, \boldsymbol{v}_k)}) = g_K(\boldsymbol{x}^-, t, (\underline{w}_k(t), \boldsymbol{q}_k^-(t)), F_k(\boldsymbol{x}^-, t)|_{(\underline{w}_k(t), \boldsymbol{q}_k^-(t))}) . \tag{5.3}$$

Da $g_k(\boldsymbol{x}, t, (\overline{w}_k(t), \boldsymbol{q}_k^+(t)), F_k(\boldsymbol{x}, t)|_{(\overline{w}_k(t), \boldsymbol{q}_k^+(t))})$ eine stetige Funktion von $\boldsymbol{x}$, t ist und $\overline{K}$ kompakt ist, ist also auch

$$\sup_{\substack{\underline{w}_l(t) \leqq v_l(\boldsymbol{x},t) \leqq \overline{w}_l \\ \boldsymbol{x} \in \overline{K}, \quad l \neq k}} g_k(\boldsymbol{x}, t, (\overline{w}_k, \boldsymbol{v}_k(\boldsymbol{x}, t)), F_k(\boldsymbol{x}, t)|_{(\overline{w}_k, \boldsymbol{v}_k)})$$

stetig in t. Dasselbe folgt für die linke Seite von (5.3).

§ 6. Nachweis der Erfüllung von Lipschitz-Bedingungen durch sup g_k und durch inf g_k

Es seien vier Vektoren $\underset{\wedge}{\boldsymbol{w}}(t) \leqq \hat{\boldsymbol{w}}(t)$, $\underset{\wedge\wedge}{\boldsymbol{w}}(t) \leqq \hat{\hat{\boldsymbol{w}}}(t)$ aus $[\underline{\boldsymbol{W}}, \overline{\boldsymbol{W}}]$ in $0 \leqq t \leqq b < \infty$ gegeben. Durch eine im allgemeinen vom Index k der Funktion g_k abhängige Umbenennung von $\underset{\wedge}{\boldsymbol{w}}$, $\hat{\boldsymbol{w}}$ in $\underset{\wedge\wedge}{\boldsymbol{w}}$, $\hat{\hat{\boldsymbol{w}}}$ und umgekehrt läßt sich erreichen, daß für die mit $\overline{f}_k$ abgekürzte Größe

$$\begin{aligned} \overline{f}_k \geqq 0 \text{ mit } \overline{f}_k := & \sup_{\substack{\underset{\wedge}{w}_l \leqq v_l \leqq \hat{w}_l \\ \boldsymbol{x} \in \overline{K},\, l \neq k}} g_k(\boldsymbol{x}, t, (\hat{w}_k(t), \boldsymbol{v}_k(\boldsymbol{x}, t)), F_k(\boldsymbol{x}, t)|_{(\hat{w}_k, \boldsymbol{v}_k)}) - \\ & - \sup_{\substack{\underset{\wedge\wedge}{w}_l \leqq v_l \leqq \hat{\hat{w}}_l \\ \boldsymbol{x} \in \overline{K},\, l \neq k}} g_k(\boldsymbol{x}, t, (\hat{\hat{w}}_k(t), \boldsymbol{v}_k(\boldsymbol{x}, t)), F_k(\boldsymbol{x}, t)|_{(\hat{\hat{w}}_k, \boldsymbol{v}_k)}) , \quad k = 1, \ldots, N \end{aligned} \tag{6.1}$$

gilt. Unter Verwendung des $\overline{f}_k$ definierenden Ausdrucks soll hier die Erfüllung der LIPSCHITZ-Bedingung (6.4) gezeigt werden. Durch die erwähnte Umbenennung unter den vier Vektoren in (6.1) wird erreicht, daß die zur LIPSCHITZ-Bedingung in (6.4) führenden Abschätzungen nur einseitig vorgenommen werden müssen. Wegen (5.2) gilt

$$\overline{f}_k = g_k(\hat{\boldsymbol{x}}^+, t, (\hat{w}_k(t), \hat{\boldsymbol{q}}_k^+(t)), F_k(\hat{\boldsymbol{x}}^+, t)|_{(\hat{w}_k, \hat{\boldsymbol{q}}_k^+(t))}) - g_k(\hat{\hat{\boldsymbol{x}}}^+, t, (\hat{\hat{w}}_k(t), \hat{\hat{\boldsymbol{q}}}_k^+(t)), F_k(\hat{\hat{\boldsymbol{x}}}^+, t)|_{(\hat{\hat{w}}_k, \hat{\hat{\boldsymbol{q}}}_k^+(t))}) . \tag{6.2}$$

Es bezeichne $\boldsymbol{Y}^+$ denjenigen der Vektoren $\hat{\boldsymbol{x}}^+$, $\hat{\hat{\boldsymbol{x}}}^+$, für den die rechte Seite von (6.2) nicht verkleinert wird, wenn $\hat{\boldsymbol{x}}^+$ und $\hat{\hat{\boldsymbol{x}}}^+$ durch $\boldsymbol{Y}^+$ ersetzt werden; dann gilt also

$$\overline{f}_k \leqq g_k(\boldsymbol{Y}^+, t, (\hat{w}_k(t), \hat{\boldsymbol{q}}_k^+(t)), F_k(\boldsymbol{Y}^+, t)|_{(\hat{w}_k(t), \hat{\boldsymbol{q}}_k^+(t))}) - g_k(\boldsymbol{Y}^+, t, (\hat{\hat{w}}_k(t), \hat{\hat{q}}_k^+), F_k(\boldsymbol{Y}^+, t)|_{(\hat{\hat{w}}_k(t), \hat{\hat{\boldsymbol{q}}}_k^+(t))}) . \tag{6.3}$$

Wegen der LIPSCHITZ-Bedingung (3.10) folgt daraus

$$\begin{aligned} |\overline{f}_k| &\leqq M \left| \sum_{\substack{j=1 \\ j \neq k}}^{N} \sup_{\boldsymbol{x} \in \overline{K}} |\hat{q}_j^+(t) - \hat{\hat{q}}_j^+(t)| + |\hat{w}_k(t) - \hat{\hat{w}}_k(t)| \right| = M \left[\sum_{\substack{j=1 \\ j \neq k}}^{N} |\hat{q}_j^+(t) - \hat{\hat{q}}_j^+(t)| + |\hat{w}_k(t) - \hat{\hat{w}}_k(t)| \right] \\ &\leqq M \left[\sum_{j=1}^{N} |\underset{\wedge}{\boldsymbol{w}}_j(t) - \underset{\wedge\wedge}{w}_j(t)| + \sum_{j=1}^{N} |\hat{w}_j(t) - \hat{\hat{w}}_j(t)| \right], \end{aligned} \tag{6.4}$$

wobei die letzte Abschätzung darauf beruht, daß die $\hat{q}_j^+$ bzw. $\hat{\hat{q}}_j^+$ nur gewisse unter den Komponenten von $\underset{\wedge}{w}$, $\hat{w}$ bzw. $\underset{\wedge\wedge}{w}$, $\hat{\hat{w}}$ sind und hier also der Summe weitere nichtnegative Glieder hinzugefügt sind.

§ 7. Nachweis, daß $\underline{w}(t)$ und $\overline{w}(t)$ Schranken der Lösung $w(x, t)$ sind

Da inf g_k und sup g_k in (4.1) bzw. (4.2) die LIPSCHITZ-Bedingung (6.4) bzw. die entsprechende Bedingung mit inf g_k erfüllen und damit stetig sind, folgt auf Grund der in [16, p. 85 und p. 103] angegebenen und bewiesenen Sätze, daß das aus $2N$ gewöhnlichen DGL jeweils 1. Ordnung bestehende System (4.1), (4.2) genau eine Lösung $\underline{w}(t)$, $\overline{w}(t)$ in einem Intervall $0 \leqq t \leqq b_0 \leqq b < \infty$ besitzt, wobei b in (3.1) eingeführt wurde. Hier bedeutet ein $b_0 < b$ den bzgl. t ersten Punkt in $0 < t < \infty$, in dem entweder eine der $2N$ Komponenten von $\underline{w}$ und $\overline{w}$ die in V-3.1 vorgeschriebenen Intervallränder $\underline{W}$ bzw. $\overline{W}$ erreicht oder von dem an im Fall $R_2 \neq \emptyset$ mindestens eine der in (4.3) genannten Nebenbedingungen verletzt ist. Unter Verwendung eines $\varepsilon = \text{const.} > 0$ wird das System der folgenden $2N$ AWA betrachtet:

$$\begin{aligned} &\frac{d\underline{\underline{w}}_k}{dt} - \inf_{\substack{\underline{\underline{w}}_l \leqq v_l \leqq \overline{\overline{w}}_l \\ x \in \bar{K},\, l \neq k}} g_k\big(x, t, (\underline{\underline{w}}_k(t), v_k(x, t)), F_k(x, t)|_{(\underline{\underline{w}}_k, v_k)}\big) = 0\,, \\ &\underline{\underline{w}}_k(0) := \underline{w}_k(0) - \varepsilon < \inf_{x \in R_1} \eta_k(x, 0) \quad \text{mit} \quad k = 1, \ldots, N \end{aligned} \tag{7.1}$$

und

$$\begin{aligned} &\frac{d\overline{\overline{w}}(t)}{dt} - \sup_{\substack{\underline{\underline{w}}_l \leqq v_l \leqq \overline{\overline{w}}_l \\ x \in \bar{K},\, l \neq k}} g_k\big(x, t, (\overline{\overline{w}}_k(t), v_k(x, t)), F_k(x, t)|_{(\overline{\overline{w}}_k, v_k)}\big) = 0\,, \\ &\overline{\overline{w}}_k(0) := \overline{w}_k(0) + \varepsilon > \sup_{x \in R_1} \eta_k(x, 0) \quad \text{mit} \quad k = 1, \ldots, N\,. \end{aligned} \tag{7.2}$$

Die Lösung dieses Systems wird in dem größten Intervall $0 \leqq t \leqq b_1 \leqq b_0$ verwendet, in dem die (4.3), (4.4) entsprechenden Nebenbedingungen

$$\underline{\underline{w}}_k(t) \leqq \inf_{x \in R_2} \eta_k(x, t), \qquad \overline{\overline{w}}_k(t) \geqq \sup_{x \in R_2} \eta_k(x, t), \qquad \underline{W} \leqq \underline{\underline{w}} \leqq \overline{\overline{w}} \leqq \overline{W} \tag{7.3}$$

alle erfüllt sind.

Wegen (6.4), der entsprechenden Beziehung für inf g_k sowie den eben aus [16] zitierten Sätzen existiert genau eine Lösung $\underline{\underline{w}}(t)$, $\overline{\overline{w}}(t)$ von (7.1), (7.2) unter Berücksichtigung der Nebenbedingungen (7.3) in einem Intervall $0 \leqq t \leqq b_1 \leqq b$, wobei b_1 noch von ε abhängt. Für das folgende genügt es, sich auf

$$b_1 \leqq b_0 \tag{7.4}$$

zu beschränken. Wegen der Bezugnahme auf verschiedene Intervalle $\underline{w}_l \leqq v_l \leqq \overline{w}_l$ bzw. $\underline{\underline{w}}_l \leqq v_l \leqq \overline{\overline{w}}_l$ in den DGL (4.1), (4.2) bzw. (7.1), (7.2) sind die Differentialoperatoren dieser beiden Systeme für jedes $j = 1, \ldots, N$ nach Ausführung der sup- bzw. inf-Vorschrift im allgemeinen verschieden.

Unter Verwendung der Lösungen $\underline{\underline{w}}(t)$, $\overline{\overline{w}}(t)$ von (7.1), (7.2) werden $2N$ entkoppelte AWA

$$\begin{aligned} &\frac{d\underset{\wedge}{w}(t)}{dt} - \inf_{\substack{\underline{\underline{w}}_l \leqq v_l \leqq \overline{\overline{w}}_l \\ x \in \bar{K},\, l \neq k}} g_k\big(x, t, (\underset{\wedge}{w}_k, v_k(x, t)), F_k(x, t)|_{(\underset{\wedge}{w}_k, v_k)}\big) = 0\,, \\ &\underset{\wedge}{w}_k(0) = \underline{w}_k(0)\,, \end{aligned} \tag{7.5}$$

und

$$\begin{aligned} &\frac{d\hat{w}_k(t)}{dt} - \sup_{\substack{\underline{\underline{w}}_l \leqq v_l \leqq \overline{\overline{w}}_l \\ x \in \bar{K},\, l \neq k}} g_k\big(x, t, (\hat{w}_k, v_k(x, t)), F_k(x, t)|_{(\hat{w}_k, v_k)}\big) = 0\,, \\ &\hat{w}_k(0) = \overline{w}_k(0)\,, \end{aligned} \tag{7.6}$$

eingeführt. Konstruktionsgemäß sind die Differentialoperatoren in (7.1) und (7.5) sowie in (7.2) und in (7.6) identisch, weil die bei der Bildung von sup g_k bzw. inf g_k benutzten Intervalle jeweils übereinstimmen. Wegen (6.4), der entsprechenden Beziehung für inf g_k und den zitierten Sätzen aus [16] existiert genau eine Lösung $\underset{\wedge}{w}(t)$, $\hat{w}(t)$ von (7.5), (7.6) in einem größten Intervall $0 \leqq t \leqq b_2 \leqq b_1$, so daß gleichzeitig die Nebenbedingungen

$$\underset{\wedge}{w}_k(t) - \inf_{x \in R_2} \eta_k(x, t) \leqq 0\,, \quad \hat{w}_k(t) - \sup_{x \in R_2} \eta_k(x, t) \geqq 0\,, \quad \underline{W} \leqq \underset{\wedge}{w} \leqq \hat{w} \leqq \overline{W}$$

erfüllt sind. Da sich die eindeutigen Lösungen von (7.1) und (7.5) sowie von (7.2) und (7.6) in den Anfangswerten um Größen $\varepsilon = \text{const.} > 0$ unterscheiden, gelten

$$\underline{\underline{w}}_k(t) < \underset{\wedge}{w}_k(t) \leqq \hat{w}_k(t) < \overline{\overline{w}}_K(t) \quad \text{mit} \quad k = 1, \ldots, N \tag{7.7}$$

in $0 \leqq t \leqq b_2$ [wegen $b_2 \leqq b_1$]. Hier steht das Zeichen $\leqq$ wegen (7.5), (7.6) nach [30, p. 60, Satz XI].

Da die Differentialoperatoren der Systeme (7.1), (7.2) und (7.5), (7.6) für jedes $k = 1, \ldots, N$ identisch sind, kann $\underset{\wedge}{w}_k(t)$ auch nicht einen Punkt mit $\underline{\underline{w}}_k(t)$ gemeinsam haben, ohne vollständig mit $\underline{\underline{w}}_k$ zusammenzufallen. Wenn z. B. von einem Punkt t_1 mit $t_1 \leqq b_2$ zwei verschiedene Lösungen $\underset{\wedge}{w}_k(t)$, $\underline{\underline{w}}_k(t)$ zu den annahmegemäß um ε verschiedenen Anfangswerten $\underset{\wedge}{w}_k(0)$ bzw. $\underline{\underline{w}}_k(0)$ laufen würden, so hätte man einen Widerspruch zu der für diese Funktion mindestens in $[0, b_2]$ gezeigten Existenz und Eindeutigkeit. Damit ist die Gültigkeit der Zeichen $<$ in (7.7) gezeigt.

Es soll jetzt unter Ausnutzung von V-3.4 gezeigt werden, daß $\underline{\boldsymbol{w}}(t)$ und $\overline{\boldsymbol{w}}(t)$ Schranken der exakten Lösung $\boldsymbol{w}(\boldsymbol{x}, t)$ der RWA (3.7) sind. Es folgt aus (7.6) wegen des Zusammenhanges zwischen (3.2) und (3.5)

$$\begin{aligned} 0 &= \frac{d\widehat{w}_k(t)}{dt} - \sup_{\substack{\underline{\underline{w}}_l \leqq v_l \leqq \overline{\overline{w}}_l \\ \boldsymbol{x} \in \overline{K},\, l \neq k}} g_k(\boldsymbol{x}, t, (\widehat{w}_k, \boldsymbol{v}_k), F_k(\boldsymbol{x}, t)|_{(\widehat{w}_k, \boldsymbol{v}_k)}) \\ &= \frac{d\widehat{w}_k(t)}{dt} - \sup_{\substack{\underline{\underline{w}}_l \leqq v_l \leqq \overline{\overline{w}}_l \\ \boldsymbol{x} \in \overline{K},\, l \neq k}} f_k\left(\boldsymbol{x}, t, (\widehat{w}_k, \boldsymbol{v}_k), \frac{\partial \boldsymbol{v}_k}{\partial x_i}, \frac{\partial^2 \boldsymbol{v}_k}{\partial x_i \partial x_j}, F_k(\boldsymbol{x}, t)|_{(\widehat{w}_k, \boldsymbol{v}_k)}\right) \\ &\leqq \frac{d\widehat{w}_k(t)}{dt} - f_k\left(\boldsymbol{x}, t, (\widehat{w}_k, \boldsymbol{w}_k), \frac{\partial \boldsymbol{w}_k}{\partial x_i}, \frac{\partial^2 \boldsymbol{w}_k}{\partial x_i \partial x_j}, F_k(\boldsymbol{x}, t)|_{(\widehat{w}_k, \boldsymbol{w}_k)}\right) \equiv P_k[(\widehat{w}_k(t), \boldsymbol{w}_k(\boldsymbol{x}, t))] \,. \end{aligned} \tag{7.8}$$

Der in (7.8) durch das Zeichen $\leqq$ vermittelte Zusammenhang setzt voraus, daß

$$f_k\left(\boldsymbol{x}, t, (\widehat{w}_k, \boldsymbol{w}_k), \frac{\partial \boldsymbol{w}_k}{\partial x_i}, \frac{\partial^2 \boldsymbol{w}_k}{\partial x_i \partial x_j}, F_k(\boldsymbol{x}, t)|_{(\widehat{w}_k, \boldsymbol{w}_k)}\right) \leqq \sup_{\substack{\underline{\underline{w}}_l \leqq v_l \leqq \overline{\overline{w}}_l \\ \boldsymbol{x} \in \overline{K},\, l \neq k}} f_k\left(\boldsymbol{x}, t, (\widehat{w}_k, \boldsymbol{v}_k), \frac{\partial \boldsymbol{v}_k}{\partial x_i}, \frac{\partial^2 \boldsymbol{v}_k}{\partial x_i \partial x_j}, F_k(\boldsymbol{x}, t)|_{(\widehat{w}_k, \boldsymbol{v}_k)}\right) \tag{7.9}$$

gilt, d. h. die durch $\underline{\underline{\boldsymbol{w}}}_k(t)$ und $\overline{\boldsymbol{w}}_k(t)$ eingeschlossene Funktionenklasse $\boldsymbol{v}_k(\boldsymbol{x}, t)$ die Funktion $\boldsymbol{w}_k(\boldsymbol{x}, t)$ enthält, also

$$\underline{\underline{\boldsymbol{w}}}_k(t) \leqq \boldsymbol{w}_k(\boldsymbol{x}, t) \leqq \overline{\boldsymbol{w}}_k(t) \quad \text{für} \quad k = 1, \ldots, N \quad \text{in} \quad G \quad \text{für} \quad t \in (0, b_2] \tag{7.10}$$

erfüllt ist. Das wird weiter unten nachgewiesen. Wegen des durch (3.2) und (3.5) ausgedrückten Zusammenhanges zwischen f_k und g_k sind die Funktionen f_k und $\sup f_k$ in (7.8) und in (7.9) unabhängig von den Ableitungen der Funktionen $\boldsymbol{v}_k$ und $\boldsymbol{w}_k$ nach x_j und x_i; daher reicht der Nachweis der Gültigkeit von (7.10) für denjenigen von (7.9).

Eine (7.8) entsprechende (Un-)Gleichungskette gilt auch mit $\underset{\wedge}{w}_k$ statt $\widehat{w}_k$ und mit inf statt sup. Hieraus und aus (7.8) folgt bei Gültigkeit von (7.10)

$$P_k[(\underset{\wedge}{w}_k(t), \boldsymbol{w}_k(\boldsymbol{x}, t))] \leqq P_k[\boldsymbol{w}(\boldsymbol{x}, t)] = 0 \leqq P_k[(\widehat{w}_k(t), \boldsymbol{w}_k(\boldsymbol{x}, t))] \qquad \text{in } G \text{ für } t \in (0, b_2]\,, \tag{7.11}$$

wo der Vektor $\boldsymbol{w}_k(\boldsymbol{x}, t)$ annahmegemäß bis auf die in $\boldsymbol{w}_k$ fehlende Komponente w_k mit dem Lösungsvektor $\boldsymbol{w}(\boldsymbol{x}, t)$ der RWA (3.7) identisch ist.

Die Systeme (7.1), (7.2) bzw. (4.1), (4.2) sind Aufgaben von monotoner Art [30, p. 42, p. 85 f.], wenn man wie in [30, p. 86] anstatt der Unterfunktionen deren (-1)-faches betrachtet. Es folgt

$$\underline{\underline{w}}_k(t) \leqq \underline{w}_k(t) \leqq \overline{w}_k(t) \leqq \overline{\overline{w}}_k(t) \quad \text{in} \quad 0 \leqq t \leqq b_1\,, \tag{7.12}$$

wobei die Ungleichung für $t = 0$ aus der Vorgabe der Anfangswerte gemäß (7.1), (7.2) und für $0 < t \leqq b_1$ als dem gemäß (7.4) gemeinsamen Definitionsbereich durch Einsetzen in die Operatoren z. B. von (7.1), (7.2) folgt. Die Einzel-Operatoren in (7.5), (7.6) für die entkoppelten Funktionen $\underset{\wedge}{w}_k$, $\widehat{w}_k$ bilden Aufgaben von monotoner Art nach [30, p. 60, Satz XI]. Durch Einsetzen von $\overline{w}_k$, $\underline{w}_k$ in die Operatoren in (7.5), (7.6) folgt wegen (7.12) und (4.1), (4.2) bzw. wegen der übereinstimmenden Anfangswerte $\underset{\wedge}{w}_k(0) = \underline{w}_k(0)$ und $\widehat{w}_k(0) = \overline{w}_k(0)$ nach (7.5), (7.6) die Ungleichung

$$\underset{\wedge}{w}_k(t) \leqq \underline{w}_k(t) \leqq \overline{w}_k(t) \leqq \widehat{w}_k(t) \quad \text{in} \quad 0 \leqq t \leqq b_2\,, \tag{7.13}$$

wobei b_2 im Anschluß an (7.6) erklärt ist.

Es war zu Anfang von § 7 der Wert b_0 so eingeführt, daß u. a. in $0 \leqq t \leqq b_0$ die Ungleichungen (4.3) gelten. Dann folgen aus (7.13) wegen (7.4) und (3.6)

$$\begin{aligned} &R_{k\nu}[\underset{\wedge}{w}_k(t)] = \underset{\wedge}{w}_k(t) - \eta_k(\boldsymbol{x}, t) \leqq R_{k\nu}[w_k(\boldsymbol{x}, t)] = 0 \leqq \widehat{w}_k(t) - \eta_k(\boldsymbol{x}, t) = R_{k\nu}[\widehat{w}_k(t)] \\ &\text{in } R_\nu \text{ für } t \in [0, b_2] \text{ und } \nu = 1, 2 \text{ bzw. } R_{k3}[\underset{\wedge}{w}_k(t)] = R_{k3}[w_k(\boldsymbol{x}, t)] = 0 \end{aligned} \tag{7.14}$$

Wegen (7.11) und (7.14) und der in V-3.4 postulierten Monotonieeigenschaft der durch die Operatoren P_k und R_k gebildeten Operationen bzgl. $\underset{\wedge}{w}_k$ und $\widehat{w}_k$ gelten die durch die Zeichen $\leqq$ vermittelten Zusammenhänge in

$$\begin{aligned} &\underline{\underline{w}}_k(t) < \underset{\wedge}{w}_k(t) \leqq w_k(\boldsymbol{x}, t) \leqq \widehat{w}_k(t) < \overline{\overline{w}}_k(t) \quad \text{mit} \quad k = 1, \ldots, N \\ &\text{in } \overline{G} \text{ für } t \in [0, b_2]\,, \end{aligned} \tag{7.15}$$

während dort die durch die Zeichen $<$ verknüpften Ausdrücke aus (7.7) übernommen worden sind.

Es soll nun (7.10) bewiesen werden. In $\bar{G}$ für $t = 0$ sind die Aussagen in (7.10) wegen der Wahl der Anfangswerte sicher richtig. So lange (7.10) gilt, gilt auch (7.15). Wenn es in $\bar{G}$ für $0 \leqq t \leqq b_2$ einen bzgl. t ersten Punkt $(\boldsymbol{x}, t_1)$ geben würde, so daß mit irgendeinem $k = 1, \ldots, N$ in einer beliebig kleinen Umgebung von $(\boldsymbol{x}, t_1)$ eines der Zeichen $\leqq$ in (7.15) verletzt wäre, so müßte es eine volle Umgebung von $(\boldsymbol{x}, t_1)$, d. h. mit $(\boldsymbol{x}, t_1)$ im Inneren geben, in der noch (7.10) gilt, weil

(a) die äußeren Zeichen $<$ in (7.15) wegen (7.7) zutreffen,

(b) der Bereich $\bar{G}$ kompakt ist und

(c) alle benutzten Funktionen wegen V-3.2 in einer vollen Umgebung von $(\boldsymbol{x}, t_1)$ stetig sind.

Wenn aber in der erwähnten Umgebung von $(\boldsymbol{x}, t_1)$ die Beziehung (7.10) noch gilt, so muß herleitungsgemäß auch (7.15) dort richtig sein; es liegt also ein Widerspruch zur Annahme der Existenz eines Punktes $(\boldsymbol{x}, t_1)$ vor, ab dem eines der Zeichen $\leqq$ in (7.15) verletzt sein sollte. Wenn aber die Zeichen $\leqq$ in (7.15) gelten, so sind wegen der Zeichen $<$ in (7.15) sicher die Zeichen $\leqq$ in (7.10) richtig. Damit ist die Gültigkeit sogar der strengen Ungleichungszeichen in der zunächst als richtig vorausgesetzten Beziehung (7.10) gezeigt, und es ist nachgewiesen, daß $\underset{\vee}{\boldsymbol{w}}(t)$ sowie $\underline{\underline{\boldsymbol{w}}}(t)$ untere Schranken und $\hat{\boldsymbol{w}}(t)$ sowie $\bar{\bar{\boldsymbol{w}}}(t)$ obere Schranken der Lösung(en) $\boldsymbol{w}(\boldsymbol{x}, t)$ der RWA (3.7) sind, und zwar in dem in (7.15) angegebenen Bereich. Es ist noch zu zeigen, daß auch die durch die AWA (4.1), (4.2) definierten Funktionen $\underline{\boldsymbol{w}}(t)$, $\bar{\boldsymbol{w}}(t)$ Schranken von $\boldsymbol{w}(\boldsymbol{x}, t)$ in einem geeignet festgelegten Bereich sind.

Zu dem Zweck wird der in [16, p. 114] angegebene Limessatz herangezogen, aus dem sich durch Spezialisierung der folgende Satz ergibt:

Satz 1: *Das System*

$$\boldsymbol{y}'(t) = \boldsymbol{f}(t, \boldsymbol{y}(t)), \ \boldsymbol{y}(0) = \eta_0 \tag{7.16}$$

besitze genau eine Lösungskurve $\boldsymbol{y}_0(t)$ *in* $0 \leqq t \leqq \beta_0$, *und es sei* $\boldsymbol{f}$ *stetig in einem geeigneten,* $\boldsymbol{y}_0(t)$ *enthaltenden Gebiet des* $(\boldsymbol{y}, t)$-*Raumes. Sei* β *in* $0 < \beta < \beta_0$ *vorgegeben. Dann gibt es zu allen hinreichend nahe an* $\boldsymbol{\eta}_0$ *gelegenen Werten* $\boldsymbol{\eta}$ *Lösungskurven* $\boldsymbol{y}_\eta(t)$ *von* $\boldsymbol{y}'(t) = \boldsymbol{f}(t, \boldsymbol{y}(t)), \boldsymbol{y}(0) = \boldsymbol{\eta}$ *und es gilt* $\boldsymbol{y}_\eta \to \boldsymbol{y}_0$ *für* $\boldsymbol{\eta} \to \boldsymbol{\eta}_0$ *und zwar gleichmäßig bezüglich* t *in* $0 \leqq t \leqq \beta$.

Es werden jetzt identifiziert:

(a) $\boldsymbol{y}_0(t)$ mit der in $0 \leqq t \leqq b_0$ als eindeutig nachgewiesenen Lösung $\underline{\boldsymbol{w}}(t)$, $\bar{\boldsymbol{w}}(t)$ von (4.1), (4.2) und

(b) $\boldsymbol{y}(t)$ mit der in $0 \leqq t \leqq b_1$ als eindeutig bewiesenen Lösung $\boldsymbol{w}(t)$, $\bar{\bar{\boldsymbol{w}}}(t)$ von (7.1), (7.2). Wegen (7.1), (7.2) unterscheiden sich in $t = 0$ gleich indizierte Komponenten von $\underline{\boldsymbol{w}}$, $\underline{\underline{\boldsymbol{w}}}$ bzw. $\bar{\boldsymbol{w}}$, $\bar{\bar{\boldsymbol{w}}}$ um $\mp\varepsilon$, wobei $\mp$ komponentenweise mit $\eta - \eta_0$ zu identifizieren ist. Dann streben also für jedes feste $b_3 \in (0, b_0)$ die Funktionen $\underline{\underline{\boldsymbol{w}}}(t)$, $\bar{\bar{\boldsymbol{w}}}(t)$ gegen $\underline{\boldsymbol{w}}(t)$ bzw. $\bar{\boldsymbol{w}}(t)$ und zwar gleichmäßig bzgl. t in $0 \leqq t \leqq b_3$. Also gilt auch die Behauptung (3.9) in $0 \leqq t \leqq b_3$. Da aber b_3 beliebig nahe an b_0 gewählt werden darf und die in (3.9) betrachteten Funktionen auch in b_0 noch stetig sind, folgt

$$\underline{\boldsymbol{w}}(t) \leqq \boldsymbol{w}(\boldsymbol{x}, t) \leqq \bar{\boldsymbol{w}}(t) \quad \text{in } \bar{G} \text{ für } \quad t \in [0, b_0]\,. \tag{7.17}$$

Die beiden in (4.3) genannten Nebenbedingungen sind immer erfüllt, wenn $R_2 = 0$ ist. Wenn aber bei einem gegebenen Problem b_0 auf Grund der Nebenbedingungen zu klein ausfällt, so kann man versuchen, die Differentialoperatoren oder Anfangsbedingungen in den Hilfs-AWA (4.1), (4.2) geeignet durch Hinzufügen von Gliedern so abzuändern, daß b_0 wächst; diese Abänderungen sind zulässig, weil das Zeichen $=$ in (4.1) durch $\leqq$ und das Zeichen $=$ in (4.2) durch $\geqq$ ersetzt werden dürfen.

Die Komponenten der Vektoren $\underline{\boldsymbol{W}}$ und $\bar{\boldsymbol{W}}$ dürfen wegen V-3.1, V-3.2 und V-3.5 das größte Intervall begrenzen, in dem

(a) F_k stetig ist und

(b) f_k stetig ist und

(c) die Lipschitz-Bedingung durch g_k erfüllt ist, und zwar mit $k = 1, \ldots, N$.

Ein endliches Intervall $0 \leqq t \leqq b_0$ in (7.17) reicht nicht aus, wenn bei einem speziellen Problem $\underline{\boldsymbol{w}}(t)$ und $\bar{\boldsymbol{w}}(t)$ in $0 \leqq t < \infty$ gebraucht werden. Bei vielen Problemen interessieren aber $\underline{\boldsymbol{w}}(t)$ und $\bar{\boldsymbol{w}}(t)$ nur in einem endlichen Intervall der Art $0 \leqq t \leqq b_0$.

Der Beweis von (7.17) ist in [29] im Überblick dargestellt und zwar für den Fall der Integrationen über $\boldsymbol{x}$ und über t in der rechten Seite von (3.3). Diese Verallgemeinerung im Vergleich zu den Ausführungen hier ist durch Anwendungen in der Kontinuumsmechanik auf Materialien „mit Gedächtnis für ihre Vorgeschichte" motiviert und wird entsprechend dem hier gebrachten Beweis gezeigt und an anderer Stelle ausführlich publiziert werden.

Die Autoren danken den Herren Dipl.-Math. G. Bonk und E. Faass für die Durchsicht von Entwürfen dieser Arbeit und für nützliche Bemerkungen.

Literaturverzeichnis

1 Adams, E., Contributions to Hydrodynamic (In)stability by Use of the Lemma of Nagumo and Westphal, In: Instability of Continuous Systems, Springer, Berlin, Herausg. H. Leipholz, S. 32–41, 1971

2 Adams, E. und Spreuer, H., Von der Zeit abhängige Störungsschranken in der Fluiddynamik, ZAMM **50**, T164–T166 (1970).

3 Adams, E. und Spreuer, H., Über Schranken der Lösungen der Grenzschichtgleichungen für Hyperschallströmungen. ZAMM **51**, T141–T143, (1971).

4 Adams, E. und Spreuer, H., Theoretisch bestimmte obere Schranke für die Massenverlustrate eines verdampfenden Tropfens bei Verbrennung des Dampfes. Ing.-Archiv **38**, S. 254–275 (1969).

5 Adams, E., Theoretical Estimate of Temperature Change in a Waterway Polluted by Addition of Hot Water. In: Surveys on Modern Stability Problems, Herausg. H. Leipholz, Kap. 12, Waterloo, Ontario, Canada 1972.

6 Adams, E., Theoretical Estimate of Concentrations and Temperature in a Fermentation Channel with Continuous Flow. In: Surveys on Modern Stability Problems, Herausg. H. Leipholz, Kap. 13, Waterloo, Ontario, Canada 1972.

7 Adams, E., Boes, M., Hartmann, L., Spreuer, H., Zur Berechnung von Reaktionsabläufen in kontinuierlich durchströmten Fermenterbecken. Zur Veröffentlichung in Ing. Arch. eingereicht.

8 Faass, E., Adams, E., Konstruktion streng gültiger Schranken für ein System parabolischer Differentialgleichungen, ZAMM **52**, T 179–T 181 (1972).

9 Beckenbach, E. und Bellman, R., Inequalities. Ergebnisse der Mathematik und ihrer Grenzgebiete. Berlin-Göttingen-Heidelberg: Springer 1961.

10 Collatz, L., Aufgaben monotoner Art. Arch. Math. **3**, S. 366–376 (1952).

11 Collatz, L., Numerische Behandlung von Differentialgleichungen, Springer: Berlin-Göttingen-Heidelberg 1955.

12 Collatz, L., Funktionalanalysis und Numerische Mathematik, Springer: Berlin-Göttingen-Heidelberg, 1964.

13 Görtler, H., Über die Lösungen nichtlinearer partieller Differentialgleichungen vom Reibungsschichttypus. ZAMM **30**, S. 265–267 (1950).

14 GÖRTLER, H., Über nicht-lineare partielle Differentialgleichungen vom Reibungsschichttypus. Atti del Quarto Congresso dell' Unione Mathematica Italiana, Taormina 1951, **2**, 116–120.
15 KAMKE, E., Zur Theorie der Systeme gewöhnlicher Differentialgleichungen II, Acta Math. **58**, S. 57–85 (1932).
16 KAMKE, E., Differentialgleichungen I, 5. Aufl., Akademische Verlagsgesellschaft Geest & Portig, Leipzig 1964.
17 LAKSHMIKANTHAM, V. und LEELA, S., Differential and Integral Inequalities, Vol I und II, Mathematics in Science and Engineering, Academic Press, New York-London, 1969.
18 MÜLLER, M., Über die Eindeutigkeit der Integrale eines Systems gewöhnlicher Differentialgleichungen und die Konvergenz einer Gattung von Verfahren zur Approximation dieser Integrale. Sitzungsber. Heidelberger Akad. d. Wiss., math.-naturw. Kl. 1927.
19 NICKEL, K., Einige Eigenschaften von Lösungen der Prandtlschen Grenzschicht-Differentialgleichungen, Arch. Rational Mech. Anal. **2**, S. 1–31 (1958).
20 NICKEL, K., Fehlerabschätzungen bei parabolischen Differentialgleichungen, Math. Z. **71**, S. 268–282 (1959).
21 NICKEL, K., Ein Eindeutigkeitssatz für instationäre Grenzschichten. Math. Z. **74**, S. 209–220 (1960).
22 NICKEL, K., Parabolic equations with applications to boundary layer theory. Partial differential equations and continuum mechanics, Madison, Univ. of Wisconsin Press 1961, p. 319–330.
23 NICKEL, K., Fehlerabschätzungs- und Eindeutigkeitssätze für Integro-Differentialgleichungen. Arch. Rational Mech. Anal. **8**, S. 159–180 (1961).
24 NICKEL, K., Gestaltaussagen über Lösungen parabolischer Differentialgleichungen. J. Reine Angew. Math. **211**, S. 78–94 (1962).
25 NICKEL, K., Eine einfache Abschätzung für Grenzschichten. Ing.-Archiv **31**, S. 85–100 (1962).
26 NICKEL, K., Ein Eindeutigkeitssatz für instationäre Grenzschichten II, Math. Z. **83**, S. 1–7 (1964).
27 PERRON, O., Über den Integralbegriff. Sitzungsber. Heidelberger Akad. d. Wiss. 1914.
28 SPREUER, H., Existenz und Eindeutigkeit der Lösung eines Systems von Integrodifferentialgleichungen für den Energietransport durch Strahlung. Dissertation Karlsruhe 1970.
29 SPREUER, H., ADAMS, E., Schranken für die Lösungen parabolischer Systeme, ZAMM **51**, T13–T14 (1971).
30 WALTER, W., Differential- und Integral-Ungleichungen, Springer: Berlin-Heidelberg-New York, 1964.

Eingereicht am 23. 7. 1971

Anschrift: Prof. Dr. ERNST ADAMS, 7501 Etzenrot, Reichenbacher Weg 7 (BRD)
Dr. HERBERT SPREUER, 7501 Busenbach, Rosenweg 5 (BRD)

ZAMM 52, 273 – 282 (1972)

Autokorrelationstests und autoregressive Schätzverfahren

Von B. SCHIPS und W. STIER

Diese Arbeit soll zeigen, daß alternative Testverfahren für die Hypothese nicht autokorrelierter Störvariablen in linearen Regressionsmodellen und alternative autoregressive Schätzverfahren im Falle autokorrelierter Störvariablen zu erheblichen Unterschieden in den numerischen Ergebnissen führen können. Die Unterschiede in den Schätzwerten, die auf alternative Schätzverfahren zurückgehen, sind dabei in vielen Fällen erheblicher als bei Verwendung alternativer Modelle.

In this paper it is shown that alternative tests for autocorrelation of the disturbances in linear regression models and alternative autoregressive estimation procedures in the case of autocorrelated disturbances may lead to important differences in the numerical results. The differences due to alternative estimation procedures are in many cases more serious than the differences caused by alternative models.

В этой работе показано, что альтернирующие контрольные методы для гипотеза не взаимокоррельятивных переменных возмущения в линейных регрессионных моделях и альтернирующие саморегрессирующие методы оценки могут привести к значительным расхождениям численных результатов для случая взаимокоррелятивных переменных возмущения. Оказывается, что разности величин оценки, полученные методом альтернирующей оценки во многих случаях значительно больше, чем при применений альтернирующих моделей.

Bei der Schätzung der Koeffizienten linearer Modelle tritt immer wieder das Problem autokorrelierter Störvariablen auf. Hier sollen nun verschiedene Tests zur Feststellung einer Autokorrelation der Störvariablen und einige der bei angenommener Autokorrelation der Störvariablen verwendeten autoregressiven Schätzverfahren am Beispiel von Eingleichungsmodellen kritisch demonstriert werden.

Im Modell der multiplen linearen Regression, bei dem eine Variable Y linear durch die $(k-1)$ Variablen $X_2, \ldots, X_k$ erklärt wird,

$$Y = X\beta + u$$

mit

$$Y = \begin{pmatrix} Y_1 \\ \vdots \\ Y_n \end{pmatrix}, \quad X = \begin{pmatrix} 1 & X_{21} & \ldots & X_{k1} \\ \vdots & & & \\ 1 & X_{2n} & & X_{kn} \end{pmatrix}, \quad \beta = \begin{pmatrix} \beta_1 \\ \vdots \\ \beta_k \end{pmatrix}, \quad u = \begin{pmatrix} u_1 \\ \vdots \\ u_n \end{pmatrix}, \quad k < n\,,$$

ergibt die gewöhnliche Methode der kleinsten Quadrate nur unter bestimmten Voraussetzungen beste lineare unverzerrte Schätzfunktionen

$$\hat{\beta} = (X'\,X)^{-1}\,X'\,Y\,, \qquad \mathrm{var}(\hat{\beta}) = \sigma^2(X'\,X)^{-1}\,.$$

Dabei ist

$$\hat{\sigma}^2 = \frac{e'\,e}{n-k} \quad \text{mit} \quad e = Y - Y\hat{\beta}$$

eine unverzerrte Schätzfunktion für σ^2. Diese Voraussetzungen sind:

X ist frei von Beobachtungsfehlern,

$\varepsilon(u) = 0$,

und

$\varepsilon(u\,u') = \sigma^2\,E_n$.[1])

Gilt nun für die Varianz-Kovarianzmatrix $\varepsilon(u\,u')$ anstelle von $\varepsilon(u\,u') = \sigma^2\,E_n$

$$\varepsilon(u\,u') = V = \begin{pmatrix} \sigma_{11} & \sigma_{12} & \cdots & \sigma_{1n} \\ \sigma_{21} & \sigma_{22} & \cdots & \sigma_{2n} \\ \vdots & \vdots & & \vdots \\ \sigma_{n1} & \sigma_{n2} & \cdots & \sigma_{nn} \end{pmatrix},$$

dann sind die Störvariablen u autokorreliert. In diesem Fall ergeben gewöhnliche Kleinst-Quadrate Schätzungen nur noch lineare unverzerrte Schätzfunktionen; die Eigenschaft der minimalen Varianz ist nicht mehr vorhanden.[2]) Die üblichen Parametertests ergeben dann verzerrte und damit unzuverlässige Ergebnisse.[3])

---

[1]) Vgl. etwa J. JOHNSTON [22], S. 106ff.

[2]) Mit Hilfe der Spektraltheorie stationärer stochastischer Prozesse kann man jedoch zeigen, daß die gewöhnlichen Kleinst-Quadrate-Schätzfunktionen asymptotisch effizient sind, vgl. U. GRENANDER [12]. Wegen des bei derartigen Schätzproblemen in der Regel zu kleinen Stichprobenumfangs soll auf diese Ergebnisse hier nicht näher eingegangen werden.

[3]) Vgl. J. JOHNSTON [22], S. 177ff. Bei der Durchführung solcher Parametertests wird bezüglich der Störvariablen u noch vorausgesetzt, daß die n-dimensionale Zufallsvariable u wie $N(0, \sigma^2\,E_n)$ verteilt ist.

Sind die Kovarianzen σ_{ij}; $i \neq j$; $i, j = 1, \ldots, n$, überwiegend positiv, dann wird die Varianz σ^2 im allgemeinen unterschätzt, wenn die Schätzfunktion $\hat{\sigma}^2 = \frac{e'\,e}{n-k}$ verwendet wird. Es gilt (vgl. GOLDBERGER [10], S. 231 ff.)

$$\varepsilon(\hat{\sigma}^2) = \sigma^2 + \frac{\sigma^2}{n-k}\,\mathrm{sp}\,[(X'\,X)^{-1}\,X'\,(E_n - V)\,X]\,.$$

Es gibt nun eine ganze Reihe alternativer Prüfverfahren für die Hypothese nicht autokorrelierter Störvariablen. Zu den bekanntesten Prüfverfahren gehören der Test nach v. NEUMANN-HART [26], [15], die Testverfahren nach DURBIN-WATSON [7] und der Test nach THEIL-NAGAR [29].

Obwohl der Test nach v. NEUMANN-HART sich strenggenommen nicht mit der Prüfung der Hypothese nicht-autokorrelierter Störvariablen u in einem linearen Regressionsmodell befaßt, ist er in der statistischen Praxis sehr beliebt (vgl. z. B. LÜDECKE [23]).

Dieser Test prüft die Hypothese der gegenseitigen Unabhängigkeit von $N(\mu, \sigma^2)$-verteilten Zufallsvariablen Z_i, $i = 1, \ldots, n$, mit Hilfe der in einer Stichprobe beobachteten Realisationen z_i. Die Testgröße ist dabei

$$d_{NH} = \frac{\delta^2}{s^2} = \frac{\frac{1}{n-1}\sum_{i=1}^{n-1}(z_{i+1} - z_i)^2}{\frac{1}{n}\sum_{i=1}^{n}(z_i - \bar{z})^2}\,.$$

Diesem Test wird bei der Verwendung zur Prüfung der Hypothese nicht-autokorrelierter Störvariablen u in einem linearen Regressionsmodell vielfach eine zu häufige Annahme der Nullhypothese nachgesagt (vgl. z. B. CHRIST [3], S. 524f.). Es gibt jedoch zu diesem Punkt auch andere Auffassungen (vgl. etwa HILDRETH/LU [20]).

DURBIN-WATSON gehen von einer auf ANDERSON [1] zurückgehenden Testgröße aus. Diese Testgröße ist

$$d_{DW} = \frac{\sum_{i=2}^{n}(e_i - e_{i-1})^2}{\sum_{i=1}^{n} e_i^2} = \frac{e'\,M\,e}{e'\,e}\,.$$

Dabei ist M die symmetrische (n, n)-Matrix

$$M = \begin{pmatrix} 1 & -1 & 0 & 0 & \ldots & 0 & 0 \\ -1 & 2 & -1 & 0 & \ldots & 0 & 0 \\ 0 & -1 & 2 & -1 & \ldots & 0 & 0 \\ \vdots & \vdots & \vdots & \vdots & & \vdots & \vdots \\ 0 & 0 & 0 & 0 & \ldots & 2 & -1 \\ 0 & 0 & 0 & 0 & \ldots & -1 & 1 \end{pmatrix}.$$

Es gilt $d_{DW} \approx \frac{n-1}{n}\,d_{NH}$. Die gleiche Testgröße verwenden auch THEIL-NAGAR [29].

Die Operationalität einer solchen Testgröße d für das Testen der Hypothese nicht-autokorrelierter Störvariablen ist nun aber an die Kenntnis der Verteilung der Testfunktion

$$D = \frac{u'\,M\,u}{u'\,u}$$

bei Gültigkeit der Hypothese gebunden.

Die genannten Tests stimmen darin überein, daß sie versuchen, die Verteilung der Testfunktion D durch eine Beta-Verteilung zu approximieren. Dazu werden zunächst für die Momente einer Beta-Verteilung die geschätzten Momente der Verteilung der Testfunktion D genommen. Damit lassen sich aus den PEARSONschen Maßen für Schiefe und Wölbung der Verteilung von D und den entsprechenden Maßen einer Beta-Verteilung die beiden Parameter einer Beta-Verteilung bestimmen. Ist nun noch der Wertebereich der Testfunktion D bekannt[4]), dann lassen sich approximative theoretische Werte von D für vorgegebene Testniveaus berechnen, tabellieren und mit der jeweiligen Realisation der Testfunktion D, der Testgröße d, vergleichen.

Der Wertebereich von D ist durch den kleinsten und den größten der $(n-k)$ positiven Eigenwerte der positiv semidefiniten Matrix $K = [M - M\,X(X'\,X)^{-1}\,X']$ bestimmt (vgl. DURBIN/WATSON [7], I).

Die einzelnen Testverfahren unterscheiden sich voneinander in der Genauigkeit der Identifizierung der Momente der Beta-Verteilung mit denen der Verteilung von D und in der Bestimmung des Wertebereichs von D.

DURBIN und WATSON haben die Verteilungen einer unteren und oberen Schranke für die theoretischen Werte von D tabelliert. Dabei gehen sie von dem Wertebereich $0 \leqq D \leqq 4$ aus. Eine Entscheidung wird un-

[4]) Daß die übliche Abschätzung $0 \leqq D \leqq 4$ für den Wertebereich der Testfunktion D zu grob ist, läßt sich am Beispiel einer einfachen linearen Regression zeigen. Die aus den Regressionsresiduen e ermittelte Testgröße d hat in diesem Beispiel nur dann den Wert Null, wenn alle Beobachtungswerte auf einer Geraden parallel zur Regressionsgeraden liegen. Dies ist aber bei Anwendung des Prinzips der kleinsten Quadrate nicht möglich.

möglich, wenn die Testgröße d in dem durch die untere und obere Schranke bestimmten Intervall liegt. Für Stichprobenumfänge $n > 40$ haben sie zur Lösung dieses Problems einen Näherungstest vorgeschlagen [7], II.[5])

THEIL und NAGAR [29], vermeiden diese Schwierigkeit. Sie setzen jedoch bei der Bestimmung der Verteilung von D voraus, daß die Beträge der ersten, zweiten, dritten und vierten Differenzen der erklärenden Variablen klein sind gegenüber den Werten der erklärenden Variablen.

Auf einen Vorschlag von HENSHAW [18] geht ein Testverfahren zurück, das auch in den Fällen, in denen bei Anwendung des Testverfahrens von DURBIN-WATSON keine Aussage möglich ist und der von ihnen als Ersatz vorgeschlagene „Näherungstest" wegen zu geringen Stichprobenumfangs nicht angewendet werden kann, zu einem eindeutigen Ergebnis führt. Bei diesem Testverfahren wird auch nichts über die Größenordnung der Differenzen der erklärenden Variablen vorausgesetzt. Er ist außerdem für Tests der Autokorrelation von Störvariablen in Regressionsmodellen mit sogenannten „dummy variables" anwendbar[6]). Für diese Klasse von Regressionsmodellen kann das Testverfahren von THEIL-NAGAR nicht angewendet werden (vgl. HENSHAW [17]).

Da das auf HENSHAW zurückgehende Testverfahren noch weitgehend unbekannt ist und die veröffentlichte Fassung einige kleine Unstimmigkeiten enthält, soll es hier kurz skizziert werden.

Unter der Hypothese $N(0, \sigma^2 E_n)$-verteilter Störvariablen u läßt sich der Erwartungswert der Zufallsvariablen D und die nächsten 3 zentralen Momente von D in den $(n-k)$ positiven Eigenwerten λ_i, $i = 1, \ldots, (n-k)$, der Matrix K ausdrücken[7])

$$\varepsilon(D) = \mu_1 = \frac{\sum_i \lambda_i}{(n-k)} = \bar{\lambda}\,, \qquad \operatorname{var}(D) = \mu_2 = \frac{2\sum_i (\lambda_i - \bar{\lambda})^2}{(n-k)(n-k+2)}\,,$$

$$\mu_3 = \frac{8\sum_i (\lambda_i - \bar{\lambda})^3}{(n-k)(n-k+2)(n-k+4)}\,, \quad \mu_4 = \frac{48\sum_i (\lambda_i - \bar{\lambda})^4 + 12\left[\sum_i (\lambda_i - \bar{\lambda})^2\right]^2}{(n-k)(n-k+2)(n-k+4)(n-k+6)}\,.$$

Da nun

$$\sum_i \lambda_i^m = \operatorname{sp} K^m$$

gilt, läßt sich dafür schreiben:

$$\mu_1 = \frac{\operatorname{sp} K}{(n-k)}\,, \quad \mu_2 = 2\left\{\frac{(n-k)\operatorname{sp} K^2 - (\operatorname{sp} K)^2}{(n-k)^2(n-k+2)}\right\},$$

$$\mu_3 = 8\left\{\frac{(n-k)^2 \operatorname{sp} K^3 - 3(n-k)\operatorname{sp} K \operatorname{sp} K^2 + 2(\operatorname{sp} K)^3}{(n-k)^3(n-k+2)(n-k+4)}\right\},$$

$$\begin{aligned}\mu_4 = 12\,\{&(n-k)^3[4\operatorname{sp} K^4 + (\operatorname{sp} K^2)^2] - 2(n-k)^2[8\operatorname{sp} K \operatorname{sp} K^3 + \operatorname{sp} K^2(\operatorname{sp} K)^2] + \\ &+ 24(n-k)\operatorname{sp} K^2(\operatorname{sp} K)^2 + (\operatorname{sp} K)^4[(n-k) - 12]\} \times \\ &\times \{(n-k)^4(n-k+2)(n-k+4)(n-k+6)\}^{-1}.\end{aligned}$$

Damit lassen sich nun die PEARSONschen Maße

$$\sqrt{\beta_1} = \frac{\mu_3}{\mu_2^{3/2}} \quad \text{für Schiefe}\,, \qquad \beta_2 = \frac{\mu_4}{\mu_2^2} \quad \text{für Wölbung}$$

berechnen. Diese Ergebnisse werden nun zur Bestimmung der Parameter einer Beta-Verteilung benutzt, mit der die unbekannte Verteilung der Testfunktion D approximiert werden soll. Eine in dem Intervall (0, 1) Betaverteilte Zufallsvariable Z hat die Dichtefunktion

$$f(z) = \frac{1}{\beta(a,b)} z^{a-1}(1-z)^{b-1}\,.$$ [8])

Es gilt

$$\varepsilon(Z) = \frac{a}{(a+b)} \quad \text{und} \quad \operatorname{var}(Z) = \frac{ab}{(a+b)^2(a+b-1)}\,.$$

[5]) In einer neueren Arbeit [6] schlägt DURBIN selbst eine exakte Lösung dieses Problems vor. Dieses Testverfahren lag jedoch erst nach Abschluß der für diese Arbeit durchgeführten Berechnungen vor.

[6]) Solche „dummy variables" werden z. B. verwendet, um im Regressionsansatz Saisoneinflüsse zu berücksichtigen.

[7]) Bei der Ableitung dieser Relationen wird ausgenützt, daß die Zufallsvariablen D und $u'u$ stochastisch unabhängig sind. Jedes Moment von D ergibt sich so als Quotient der entsprechenden Momente von Zähler und Nenner der Testfunktion D. Vgl. J. v. Neumann, Distribution of the Ratio ..., a. a. O.

[8]) Dabei ist $\beta(a, b)$ der Wert der Beta-Funktion an der Stelle (a, b): $\beta(a,b) = \frac{\Gamma(a)\,\Gamma(b)}{\Gamma(a+b)}$ mit $\Gamma(n) = (n-1)!$, $n \in N$.

Im Falle einer Beta-Verteilung ergeben sich für die PEARSONschen Maße

$$\sqrt{\beta_1^*} = \frac{2\,(b-a)\,(a+b+1)^{1/2}}{(a+b+2)\,(a\,b)^{1/2}} \quad \text{für Schiefe},$$

$$\beta_2^* = \frac{6\,[(a+b+1)\,(b-a)^2 - (a+b+2)\,a\,b]}{(a\,b)\,(a+b+2)\,(a+b+3)} + 3 \quad \text{für Wölbung}.$$

Werden nun für $\sqrt{\beta_1^*}$ und β_2^* die mit Hilfe der geschätzten Momente der Testfunktion D ermittelten Werte $\sqrt{\beta_1}$ und β_2 genommen, dann lassen sich die Parameter a und b der Beta-Verteilung bestimmen, mit der die unbekannte Verteilung der Testfunktion D approximiert wird[9]). Es ergibt sich

$$a = 0.5\,(\gamma - \delta - 1)\,, \qquad b = 0.5\,(\gamma + \delta - 1)\,.$$

Dabei ist

$$\gamma = \frac{4\,\beta_2 - 3\,\beta_1}{3\,\beta_1 - 2\,\beta_2 + 6}\,, \qquad \delta = \frac{\sqrt{\beta_1}\,(\gamma^2 - 1)}{[16\,\gamma + \beta_1\,(\gamma+1)^2]^{1/2}}.$$

Der Wertebereich von D ist (λ_K, λ_G). Dabei ist λ_K der kleinste und λ_G der größte der $(n-k)$ positiven Eigenwerte von K. Die Größe D wird nun in eine im Bereich (0, 1) Beta-verteilte Variable Z transformiert:

$$Z = \frac{D - \lambda_K}{\lambda_G - \lambda_K}.$$

Aus

$$\varepsilon(Z) = \frac{\varepsilon(D) - \lambda_K}{\lambda_G - \lambda_K} \quad \text{und} \quad \operatorname{var}(Z) = \frac{\operatorname{var}(D)}{(\lambda_G - \lambda_K)^2}$$

lassen sich dann λ_K und λ_G bestimmen. Es ergibt sich

$$\lambda_K = \varepsilon(D) - \varepsilon(Z)\left[\frac{\operatorname{var}(D)}{\operatorname{var}(Z)}\right]^{1/2} \quad \text{und} \quad \lambda_G = \left[\frac{\operatorname{var}(D)}{\operatorname{var}(Z)}\right] + \lambda_K\,.$$

Der Rechengang läuft also folgendermaßen ab:
Zuerst wird $\varepsilon(D)$, $\operatorname{var}(D)$, $\sqrt{\beta_1}$ und β_2 geschätzt. Dann werden die Parameter a und b der Beta-Verteilung ermittelt mit der die unbekannte Verteilung von D approximiert werden soll. Daran anschließend werden λ_K und λ_G bestimmt.

Auf Grund der vorgenommenen Transformation ist $D = \lambda_K - (\lambda_G - \lambda_K)\,Z$. Mit Hilfe der errechneten Werte und einer Tabelle der unvollständigen Beta-Funktion (vgl. z. B. PEARSON [27]) läßt sich dann für ein vorgegebenes Testniveau α ein kritischer Wert für D bestimmen.

Über die Güte dieser Tests ist leider wenig bekannt. Mit Hilfe einer Simulation lassen sich jedoch einige Anhaltspunkte für den praktischen Gebrauch gewinnen. An Stelle einer umfassenden Dokumentation der Ergebnisse von experimentellen Untersuchungen werden hier nur die Ergebnisse eines numerischen Beispiels wiedergegeben. Dieses Beispiel ist jedoch so ausgewählt, daß es eine geradezu typische Situation bei derartigen Untersuchungen wiedergibt.

Numerisches Beispiel

Betrachtet wird ein einfaches lineares Regressionsmodell mit autokorrelierten Störvariablen

$$y_i = \beta_0 + \beta_1\,x_i + u_i\,, \qquad i = 1, \ldots, n\,.$$

Die stochastische Abhängigkeit der Störvariablen soll dabei durch einen autoregressiven Prozeß erster Ordnung dargestellt werden:

$$u_i = \varrho\,u_{i-1} + v_i\,, \qquad i = 1, \ldots, n\,,$$

mit $\varepsilon(v) = 0$ und $\varepsilon(v\,v') = \sigma_v^2\,E_n$.

Für u_0 wird eine Realisation einer $N(0, 1)$-verteilten Zufallsvariablen und für die einzelnen Störvariablen v_i ebenfalls Realisationen einer $N(0, 1)$-verteilten Zufallsvariablen gewählt. Der Stichprobenumfang wird auf $n = 16$ festgelegt. Mit $\beta_0 = 5.0$; $\beta_1 = 0.8$; $\varrho = 0.7$ und

$u_0 = -0.684$,

$v_1 = -0.367$,	$v_5 = -0.004$,	$v_9 = 0.251$,	$v_{13} = 2.566$,
$v_2 = 0.406$,	$v_6 = -1.229$,	$v_{10} = 1.608$,	$v_{14} = 0.190$,
$v_3 = -0.968$,	$v_7 = -0.639$,	$v_{11} = -0.537$,	$v_{15} = 2.451$,
$v_4 = 1.571$,	$v_8 = 0.731$,	$v_{12} = 0.629$,	$v_{16} = 2.139$,

sowie

$$x_i \in [2.0, 32.0] \quad \text{mit} \quad x_{i+1} = x_i + 2.0$$

[9]) Die PEARSONschen Maße für Schiefe und Wölbung einer Beta-Verteilung sind unabhängig vom Ursprung und Maßstab, und damit auch vom Wertebereich der jeweiligen Beta-Funktion. Sie lassen sich so unmittelbar mit den PEARSONschen Maßen der Verteilung der Testfunktion D vergleichen (vgl. H. THEIL, A. L. NAGAR [29]).

ergeben sich dann folgende Wertepaare (x_i, y_i)

(2.0, 5.7542), (18.0, 19.5619),
(4.0, 8.0139), (20.0, 22.7213),
(6.0, 8.7018), (22.0, 23.2679),
(8.0, 12.2022), (24.0, 25.2966),
(10.0, 13.5576), (26.0, 29.1336),
(12.0, 13.7613), (28.0, 29.9235),
(14.0, 14.9739), (30.0, 33.2175),
(16.0, 17.6727), (32.0, 35.6912).

Diese 16 Wertepaare sind die Basis aller sich anschließenden numerischen Illustrationen.

Eine Schätzung der Parameter dieses einfachen linearen Regressionsmodells mit Hilfe der gewöhnlichen Methode der kleinsten Quadrate ergibt dann folgende Schätzwerte: $\hat{\beta}_0 = 3.1238$, $\hat{\beta}_1 = 0.9686$ und $\text{var}(\hat{\beta}_1) = 0.0295$. Das Bestimmtheitsmaß ist $B = 0.9872$.

Autokorrelationstests zum numerischen Beispiel

Es soll nun die Hypothese nicht-autokorrelierter Störvariablen getestet werden. Bei der Anwendung des Testverfahrens nach v. NEUMANN-HART ergibt sich der Testwert 1.2259.

Für die Testniveaus $\alpha_1 = 0.01$, $\alpha_2 = 0.025$ und $\alpha_3 = 0.05$ ergeben sich die kritischen Werte $c_1 = 1.0124$, $c_2 = 1.1516$ und $c_3 = 1.3090$ (vgl. HART [16]). Bei einem Testniveau von $\alpha_1 = 0.01$ und $\alpha_2 = 0.025$ kann also die Hypothese nicht-autokorrelierter Störvariablen nicht abgelehnt werden, dagegen bei einem Testniveau von $\alpha_3 = 0.05$.

Bei Anwendung des Testverfahrens von DURBIN-WATSON ergibt sich ein Testwert von 1.1493.

Bei einem Testniveau von $\alpha_1 = 0.01$, $\alpha_2 = 0.025$ bzw. $\alpha_3 = 0.05$ ergeben sich für die untere und die obere Schranke des kritischen Wertes die Werte (0.84, 1.09), (0.98, 1.24) bzw. (1.10, 1.37) (vgl. DURBIN-WATSON [7], II). Mit $\alpha_1 = 0.01$ kann also die Hypothese nicht-autokorrelierter Störvariablen nicht abgelehnt werden und bei einem Testniveau von $\alpha_2 = 0.025$ bzw. $\alpha_3 = 0.05$ ist keine Entscheidung möglich.

Das Testverfahren von THEIL-NAGAR [29] verwendet die gleiche Testfunktion wie DURBIN-WATSON. Der Testwert ist damit wiederum $d_{TN} = 1.1493$. Für die kritischen Werte ergeben sich bei den Testniveaus von $\alpha_1 = 0.01$, $\alpha_2 = 0.025$ und $\alpha_3 = 0.05$ die Werte $c_1 = 1.0827$, $c_2 = 1.2324$ und $c_3 = 1.3680$. Bei einem Testniveau von $\alpha_1 = 0.01$ kann also die Hypothese nicht autokorrelierter Störvariablen nicht abgelehnt werden, dagegen bei einem Testniveau von $\alpha_2 = 0.025$ und $\alpha_3 = 0.05$. Die Voraussetzungen zur Anwendung dieses Testverfahrens, die ersten Differenzen der erklärenden Variablen müssen klein sein gegenüber den Werten der Variablen, sind jedoch nicht erfüllt. Strenggenommen kann also dieses Testverfahren gar nicht angewendet werden. Das gleiche gilt auch wegen des zu kleinen Stichprobenumfangs für den Näherungstest von DURBIN-WATSON [7], II.

Bei Anwendung des skizzierten Testverfahrens nach HENSHAW ergeben sich hier für die Spuren der Matrizen K, K^2, K^3 und K^4 folgende Werte:

$$\text{sp}\, K = 29.9559\,, \quad \text{sp}\, K^2 = 87.9902\,, \quad \text{sp}\, K^3 = 287.9830\,, \quad \text{sp}\, K^4 = 991.9540\,.$$

Damit ergeben sich für die Schätzwerte der ersten beiden Momente und die PEARSONschen Maße für Schiefe und Wölbung der Verteilung der Testfunktion

$$\mu_1 = 2.1397\,, \quad \mu_2 = 0.2133\,, \quad \sqrt{\beta_1} = -0.0511\,, \quad \beta_2 = 2.7022\,.$$

Für die Parameter a und b der Beta-Verteilung, mit der die unbekannte Verteilung der Testfunktion approximiert wird, ergibt sich dann

$$a = 8.9300 \approx 9.0\,, \quad b = 7.9666 \approx 8.0\,.$$

Daraus lassen sich nun der kleinste und größte Eigenwert der Matrix K, die den Wertebereich der Testfunktion bestimmen, ermitteln. Es ergibt sich hier

$$\lambda_K = 0.0710\,, \quad \lambda_G = 3.9853\,.$$

Zur direkten Bestimmung des kleinsten und größten Eigenwertes der Matrix K könnte natürlich auch ein geeignetes numerisches Verfahren benützt werden (s. z. B. EHERLEIN [8]). Eine entsprechende Untersuchung zeigte jedoch, daß der hier eingeschlagene Weg im allgemeinen zu befriedigenden Resultaten führt.

Damit ergibt sich bei einem Testniveau von $\alpha_1 = 0.01$, $\alpha_2 = 0.025$ bzw. $\alpha_3 = 0.05$ ein kritischer Wert von $c_1 = 1.0910$, $c_2 = 1.2402$ bzw. $c_3 = 1.3752$ (vgl. PEARSON [27]). Die Testfunktion ist wiederum die des DURBIN-WATSON-Testes, der Testwert ist damit wieder $d_H = 1.1493$. Die Hypothese nicht-autokorrelierter Störvariablen kann also bei einem Testniveau von $\alpha_1 = 0.01$ auch hier nicht abgelehnt werden, dagegen bei einem Testniveau von $\alpha_2 = 0.025$ bzw. $\alpha_3 = 0.05$. Auf den ersten Blick scheint dieses Testverfahren damit dem Testverfahren von THEIL-NAGAR nicht überlegen. Es sei jedoch noch einmal betont, daß die Voraussetzungen zur Anwendung des THEIL-NAGAR-Testes bei diesem Beispiel und in aller Regel nicht gegeben sind. Und selbst wenn diese Voraussetzungen erfüllt sind, erfolgt die Bestimmung des Wertebereichs der Testfunktion und der Parameter und Momente der Beta-Verteilung, mit der die unbekannte Verteilung der Testfunktion approximiert wird, nur approximativ. Das auf HENSHAW zurückgehende Verfahren ist diesbezüglich exakt und deshalb dem THEIL-NAGAR-Test vorzuziehen.

Zusammenfassend ergibt sich für das gewählte numerische Beispiel folgendes Bild:

	Testniveau		
Testverfahren	0.01	0.025	0.05
v. NEUMANN-HART	keine Autokorrelation angezeigt	keine Autokorrelation angezeigt	Autokorrelation angezeigt
DURBIN-WATSON	keine Autokorrelation angezeigt	keine Entscheidung möglich	keine Entscheidung möglich
THEIL-NAGAR	keine Autokorrelation angezeigt	Autokorrelation angezeigt	Autokorrelation angezeigt
HENSHAW	keine Autokorrelation angezeigt	Autokorrelation angezeigt	Autokorrelation angezeigt

Die einzelnen Testverfahren führen also zu teilweise recht unterschiedlichen Ergebnissen. Das Beispiel spricht so für sich. Insbesondere dann, wenn in Betracht gezogen wird, welche Konsequenzen für den Fortgang der Berechnungen und auch für die Schätzergebnisse damit verbunden sind.

Die Anwendung der gewöhnlichen Methode der kleinsten Quadrate ergibt ja im Falle autokorrelierter Störvariablen u nicht mehr beste lineare unverzerrte Schätzfunktionen für die Parameter eines linearen Eingleichungsmodells.

Abschätzung der Verzerrung der Varianz der Regressionskoeffizienten

Im Falle des hier wiedergegebenen numerischen Beispiels läßt sich die Verzerrung der Varianz der Regressionskoeffizienten abschätzen (vgl. MALINVAUD [24]). Die geschätzte Varianz der Regressionskoeffizienten β_1 muß z. B. mit dem Multiplikator m

$$m = \frac{1+\hat{\varrho}}{1-\hat{\varrho}} \frac{1}{1 - \frac{2}{n-2} \sum_{s=1}^{n-1} \hat{\varrho}^s (1 + r^s)}$$

korrigiert werden.

Dabei ist $\hat{\varrho}$ der geschätzte Autokorrelationskoeffizient erster Ordnung der Störvariablen und r der Korrelationskoeffizient zwischen x_i und x_{i-1}. Eine einigermaßen unverzerrte Schätzfunktion für den Autokorrelationskoeffizienten ist

$$\hat{\varrho} = \frac{\sum_{i=1}^{n} e_i e_{i-1}}{\sum_{i=1}^{n} e_{i-1}^2} + \frac{k}{n} \left(1 + \frac{\sum_{i=1}^{n} e_i e_{i-1}}{\sum_{i=1}^{n} e_{i-1}^2} \right),$$

da die erklärende Variable x eine ausgeprägte Trendentwicklung zeigt. Für das numerische Beispiel ergibt sich

$$r = 1.0000\,, \qquad \hat{\varrho} = 0.5697\,, \qquad m = 2.4219\,.$$

Erst wenn es gelingt, unter Fortgeltung der übrigen Annahmen, das Modell mit autokorrelierten Störvariablen in ein Modell mit nicht-autokorrelierten Störvariablen zu transformieren, ergeben gewöhnliche Kleinst-Quadrate-Schätzungen wieder beste lineare unverzerrte Schätzfunktionen.

Eine solche Transformation kann sich auf das zugrunde liegende ökonomische Modell oder auf die stochastischen Komponenten des ökonometrischen Modells beziehen. Werden die stochastischen Komponenten als fehlspezifiziert angesehen, d. h. gilt $\varepsilon(u) = 0$ und $\varepsilon(u\,u') = V$, dann ergibt die verallgemeinerte Methode der kleinsten Quadrate beste lineare unverzerrte Schätzfunktionen

$$\hat{\beta}^* = (X'\,V^{-1}\,X)^{-1}\,X'\,V^{-1}\,Y\,, \qquad \operatorname{var}(\hat{\beta}^*) = (X'\,V^{-1}\,X)^{-1}$$

für die Parameter des Modells

$$Y = X\,\beta + u$$

(vgl. GOLDBERGER [10], S. 231ff.). Diese Schätzmethode läßt sich auffassen als eine gewöhnliche Kleinst-Quadrate-Schätzung auf ein (unter Berücksichtigung der Varianz-Kovarianzmatrix der Störvariablen im Falle einer verallgemeinerten Kleinst-Quadrate-Schätzung) transformiertes Modell, dessen Störvariablen unkorreliert sind.

Häufig wird nur der Fall eines Autokorrelationsmodells erster Ordnung betrachtet:

$$u = \varrho\,u_{-1} + v\,, \qquad |\varrho| < 1\,.^{10)}$$

Die Varianz-Kovarianzmatrix hat in diesem Spezialfall die Gestalt

$$\varepsilon(u\,u') = V^* = \sigma^2 \begin{pmatrix} 1 & \varrho & \varrho^2 & \dots & \varrho^{n-1} \\ \varrho & 1 & \varrho & \dots & \varrho^{n-2} \\ \vdots & \vdots & \vdots & & \vdots \\ \varrho^{n-1} & \varrho^{n-2} & \varrho^{n-3} & \dots & 1 \end{pmatrix}$$

Es ist nun lediglich eine Transformationsmatrix T anzugeben, für die gilt

$$T'\,T = V^{*-1} = \frac{1}{\sigma^2\,(1-\varrho^2)} \begin{pmatrix} 1 & -\varrho & 0 & \dots & 0 & 0 \\ -\varrho & 1+\varrho^2 & -\varrho & \dots & 0 & 0 \\ 0 & -\varrho & 1+\varrho^2 & \dots & & \\ \vdots & \vdots & \vdots & & \vdots & \vdots \\ 0 & 0 & 0 & & -\varrho & 1 \end{pmatrix}$$

und die verallgemeinerte Kleinst-Quadrate-Schätzung ist dann eine gewöhnliche Kleinst-Quadrate-Schätzung, angewandt auf das mit T transformierte Ausgangsmodell (vgl. JOHNSTON [22], S. 179ff.).

Hinter dieser Feststellung verbergen sich aber eine ganze Reihe von Schwierigkeiten. Zunächst ergibt sich aus $Y = X\,\beta + u$ mit $u = \varrho\,u_{-1} + v$ das Modell $Y = X^*\,\beta^* + v$ mit $X^* = (X, X_{-1}, Y_{-1})$ und $\beta^* = (\beta, -\beta\,\varrho, \varrho)$.

Die Matrix X_{-1} bzw. der Vektor Y_{-1} unterscheidet sich dabei von der Matrix X bzw. dem Vektor Y dadurch, daß sie zusätzlich noch die nicht operablen, weil unbekannten k Werte x_{i0} bzw. den unbekannten Wert y_0 enthält. Dafür fehlen die k Elemente x_{in} und das Element y_n.[11)]

10) Dabei bezeichnet u_{-1} einen Vektor, der als Elemente die Anfangsstörvariable u_0 und die ersten $(n-1)$ Elemente des Vektors u enthält. v ist ein Vektor mit n Störvariablen, die dem konventionellen Modell folgen, d. h. es gilt $\varepsilon(v) = 0$ und $\varepsilon(v\,v') = \sigma_v^2\,E_n$ und ϱ ist der unbekannte Autokorrelationskoeffizient erster Ordnung.

11) $$X_{-1} = \begin{pmatrix} 1 & x_{20} & \dots & x_{k0} \\ 1 & x_{21} & \dots & x_{k1} \\ \vdots & & & \vdots \\ 1 & x_{2,n-1} & \dots & x_{k,\,n-1} \end{pmatrix}, \qquad Y_{-1} = \begin{pmatrix} y_0 \\ y_1 \\ \vdots \\ y_{n-1} \end{pmatrix}.$$

Die Anwendung der gewöhnlichen Methode der kleinsten Quadrate auf dieses Modell, also die Minimierung von

$$Q_1(\beta^*) = [Y - X^*\beta^*]' [Y - X^*\beta^*]$$

führt jedoch im allgemeinen nicht zu eindeutigen Schätzwerten für ϱ und den Elementen von β im Ausgangsmodell; denn es handelt sich hier um ein in den Parametern ϱ und β nicht lineares Modell. Gesucht ist das Minimum der in ϱ und β nicht-linearen Funktion

$$Q_2(\beta, \varrho) = [(Y - \varrho Y_{-1}) - (X - \varrho X_{-1})\beta]' [(Y - \varrho Y_{-1}) - (X - \varrho X_{-1})\beta] .$$

Im allgemeinen führt diese Aufgabe auf ein System von Normalgleichungen, dessen Lösung beträchtliche Schwierigkeiten bereitet.

Zur Lösung dieses Problems lassen sich nun verschiedene Wege einschlagen. Einmal läßt sich unter der Voraussetzung, daß der wahre Autokorrelationskoeffizient ϱ bekannt ist, die Funktion linearisieren. In diesem Fall ist die verallgemeinerte Kleinst-Quadrate-Schätzung eine gewöhnliche Kleinst-Quadrate-Schätzung angewandt auf das Modell

$$T Y = T X \beta + T u ,$$

wobei T eine (n, n)-Matrix ist

$$T = \begin{pmatrix} (1-\varrho^2)^{1/2} & 0 & \dots & 0 & 0 \\ -\varrho & 1 & \dots & 0 & 0 \\ 0 & -\varrho & \dots & 0 & 0 \\ \vdots & \vdots & & \vdots & \vdots \\ 0 & 0 & \dots & -\varrho & 1 \end{pmatrix},$$

die der Inversen der Varianz-Kovarianzmatrix der verallgemeinerten Kleinst-Quadrate-Schätzung proportional ist. Dieser Ansatz berücksichtigt bereits, daß in der Praxis eine Reduzierung der Anzahl der Beobachtungen um 1 notwendig ist, da die Größen x_{i0} und y_0 ja unbekannt sind. Diese Reduzierung der Anzahl der Beobachtungen bringt es mit sich, daß anstelle von $Q_2(\beta, \varrho)$ die Funktion

$$Q_3(\beta, \varrho) = \begin{bmatrix} (1-\varrho^2)^{1/2}(y_1 - x_1\beta) \\ (Y - \varrho Y_{-1}) - (X - \varrho X_{-1})\beta \end{bmatrix}' \begin{bmatrix} (1-\varrho^2)^{1/2}(y_1 - x_1\beta) \\ (Y - \varrho Y_{-1}) - (X - \varrho X_{-1})\beta \end{bmatrix}$$

zu minimieren ist (vgl. COCHRANE/ORCUTT [4]). Dabei ist y_1 das erste Element des Vektors Y und x_1 die erste Zeile der Matrix X. PRAIS und WINSTEN [28] konnten zeigen, daß die oben angegebene Transformation diesem korrekten Ansatz entspricht.

Die übliche Transformation mit der Matrix T^* vom Typ $(n - 1, n)$

$$T^* = \begin{pmatrix} -\varrho & 1 & 0 & \dots & 0 & 0 \\ 0 & -\varrho & 1 & \dots & 0 & 0 \\ \vdots & \vdots & \vdots & & \vdots & \vdots \\ 0 & 0 & 0 & \dots & -\varrho & 1 \end{pmatrix}$$

ist strenggenommen unkorrekt. Die Matrix $T^{*\prime} T^*$ und die Matrix V^{-1} unterscheiden sich — von einem Proportionalitätsfaktor abgesehen — in dem Element (1, 1) (vgl. JOHNSTON [22], S. 186).

Unabhängig von der Frage der Spezifizierung der Transformationsmatrix setzt ein solches Vorgehen jedoch die Existenz eines geeigneten Schätzverfahrens für den Autokorrelationskoeffizienten ϱ voraus. Und dabei gibt es eine ganze Reihe von Schwierigkeiten. Insbesondere wird vermutet, daß die übliche Schätzfunktion für ϱ

$$\hat{\varrho} = \frac{\sum_{i=2}^{n} e_i e_{i-1}}{\sum_{i=2}^{n} e_{i-1}^2}$$

einen bias aufweist [12]). MALINVAUD schlägt, um die Verzerrung der Schätzfunktion $\hat{\varrho}$ einigermaßen zu berücksichtigen, folgende Korrekturen vor: Für den Fall, daß die erklärenden Variablen keine Trendentwicklung zeigen:

$$\hat{\varrho}_K = \left(1 + \frac{k}{n-k}\right)\hat{\varrho}$$

[12]) Vgl. E. MALINVAUD [24], S. 428ff. Die Folge von Schätzfunktionen $\hat{\varrho}_n$ ist jedoch konsistent. Es gilt für jedes $\varepsilon > 0$

$$\lim_{n\to\infty} W(|\hat{\varrho}_n - \varrho| \leqq \varepsilon) = 1 .$$

Bei kleinen Stichprobenumfängen wird manchmal der Schätzwert für den Autokorrelationskoeffizienten nach

$$\hat{\varrho} = \frac{\sum_{i=2}^{n} e_i e_{i-1}}{\sqrt{\sum_{i=2}^{n} e_{i-1}^2}\sqrt{\sum_{i=2}^{n} e_i^2}}$$

berechnet, um den zufälligen Unterschied zwischen dem ersten und letzten Wert auszuschalten. (Vgl. H. GOLLNICK [11], S. 89).

und für den Fall, daß die erklärenden Variablen eine ausgeprägte Trendentwicklung zeigen,

$$\hat{\varrho}_K = \frac{k}{n}(1+\hat{\varrho}) + \hat{\varrho}.$$

Mit Hilfe einfacher Umrechnungen läßt sich auch aus den jeweiligen Realisationen der Testfunktionen auf Autokorrelation der Störvariablen nach v. Neumann und Durbin–Watson ein approximativer Wert für den Autokorrelationskoeffizienten ermitteln (vgl. Hochstädter/Uebe [21], S. 107). Es ergibt sich

$$\hat{\varrho}_{NH} = \left(1 - \frac{d_{NH}}{2}\right) \quad \text{bzw.} \quad \hat{\varrho}_{DW} = \left(1 - \frac{d_{DW}}{2}\right).$$

Theil und Nagar [29] schlagen vor, den Schätzwert für den Autokorrelationskoeffizienten als eine lineare Funktion der jeweiligen Realisation der Testfunktion nach Durbin–Watson zu betrachten.

Die Parameter dieser linearen Funktion werden dann mit Hilfe der beiden Punkte $(\lambda_K, -1)$ und $(\lambda_G, 1)$ bestimmt. Für den kleinsten und den größten Eigenwert der Matrix K gilt nach Theil–Nagar $\lambda_K = (4\,k^2 - 1)/n^2$ und $\lambda_G = 4 - 3/n^2$.

Damit ergibt sich als Schätzwert für den Autokorrelationskoeffizienten

$$\hat{\varrho}_{TN} = \frac{n^2(2 - d_{DW}) + 2\,k^2 - 2}{2\,n^2 - 2\,k^2 - 1} \approx \frac{n^2\left(1 - \frac{1}{2}d_{DW}\right) + k^2}{n^2 - k^2}.$$

Nach Henshaw, [18], lassen sich aber λ_K und λ_G, die den Wertebereich der Testfunktion D bestimmen, exakt ermitteln. Es liegt nahe, diese Ergebnisse dann auch bei der Bestimmung eines Schätzwertes für den Autokorrelationskoeffizienten zu berücksichtigen. Es ergibt sich

$$\hat{\varrho}_H = \frac{\lambda_K + \lambda_G - 2\,d}{\lambda_G - \lambda_K}.$$

Schätzung des Autokorrelationskoeffizienten

Für das hier angeführte numerische Beispiel ergeben sich so folgende Schätzwerte für den Autokorrelationskoeffizienten erster Ordnung:

$$\hat{\varrho} = 0.3953, \quad \hat{\varrho}_K = 0.5697, \quad \hat{\varrho}_{NH} = 0.3870,$$
$$\hat{\varrho}_{DW} = 0.4253, \quad \hat{\varrho}_{TN} = 0.4449, \quad \hat{\varrho}_H = 0.4490.$$

Es zeigt sich, daß die Schätzung des Autokorrelationskoeffizienten offensichtlich einige Probleme aufwirft. Jede Divergenz zwischen dem geschätzten und dem wahren Wert des Autokorrelationskoeffizienten führt aber dazu, daß die Schätzfunktionen für die Elemente des Parametervektors β nicht mehr die Eigenschaft minimaler Varianz aufweisen. Mit anderen Worten, die Anwendung der gewöhnlichen Methode der kleinsten Quadrate auf das mit $\hat{\varrho}$ transformierte Modell ergibt dann nicht mehr die gesuchten verallgemeinerten Kleinst-Quadrate-Schätzungen. Die Folge der nach der gewöhnlichen Methode der kleinsten Quadrate ermittelten Schätzfunktionen ist jedoch, wenn die Störvariablen einem autoregressiven Prozeß erster Ordnung folgen, konsistent. Watson und Hannan [14] haben untere Schranken für die relative Effizienz sowie untere und obere Schranken für die notwendigen Korrekturfaktoren bei den üblichen Parametertests und der Bestimmung der Konfidenzintervalle bei alternativen Kombinationen von geschätztem und wahrem Wert des Autokorrelationskoeffizienten angegeben.

Effizienzverlust bei Divergenz von geschätztem und „wahrem" Autokorrelationskoeffizienten

Für die untere Schranke der relativen Effizienz

$$\frac{(1-\varrho^2)(1-\hat{\varrho}^2)}{(1+\hat{\varrho}^2 - 4\,\hat{\varrho}\,\varrho + \varrho^2 + \hat{\varrho}^2\varrho^2)^2}$$

ergeben sich z. B. mit $\varrho = 0.7$ und $\hat{\varrho} = 0.3953$ bzw. $\hat{\varrho}_H = 0.4490$ die Werte 0.4879 bzw. 0.5833.

Die untere und obere Schranke der Korrekturfaktoren

$$\left(\frac{1+\hat{\varrho}}{1+\varrho}\right)^2 \frac{1-\varrho^2}{1-2\,\hat{\varrho}\,\varrho+\hat{\varrho}^2} \quad \text{und} \quad \left(\frac{1-\hat{\varrho}}{1-\varrho}\right)^2 \frac{1-\varrho^2}{1-2\,\hat{\varrho}\,\varrho+\hat{\varrho}^2}$$

sind dann mit $\varrho = 0.7$ und $\hat{\varrho} = 0.3953$

3.4375 und 3.0022

bzw. mit $\varrho = 0.7$ und $\varrho_H = 0.4490$

0.5699 und 0.6467.

Ein Signifikanztest für die Parameter des mit $\hat{\varrho}$ bzw. $\hat{\varrho}_H$ transformierten Modells auf der Basis einer $t\,(n-k)$, hier also $t(14)$ verteilten Testfunktion und einem gewünschten Testniveau von $\alpha = 0.05$ hat dann irgendein Testniveau zwischen 0.014 und 0.27 bzw. 0.02 und 0.14.

Es gibt nun eine Reihe alternativer Schätzverfahren, die eine Linearisierung von $Q_3(\beta, \varrho)$ versuchen. Diese Schätzverfahren lassen sich alle als zweistufige Schätzverfahren für die Parameter β und $\hat{\varrho}$ charakterisieren.

In der ersten Stufe wird eine gewöhnliche Kleinst-Quadrate-Schätzung durchgeführt und aus den Regressionsresiduen $e = Y - X\hat{\beta}$ ein Schätzwert $\hat{\varrho}$ ermittelt. In der zweiten Stufe ergibt dann wiederum eine gewöhnliche Kleinst-Quadrate Schätzung, angewandt auf das mit ϱ transformierte Modell die Schätzwerte $\hat{\beta}^*(\hat{\varrho})$.

Johnston [22], S. 194 u. 198, Theil–Nagar [29] und Henshaw [18] empfehlen solche zweistufigen Schätzverfahren. Sie verwenden zur Transformation die $(n - 1, n)$ Matrix T^*. Johnston benützt dabei die Schätzfunktion $\hat{\varrho}$, Theil–Nagar und Henshaw die von ihnen vorgeschlagenen Schätzfunktionen $\hat{\varrho}_{TN}$ und $\hat{\varrho}_H$ für den Autokorrelationskoeffizienten erster Ordnung.

Autoregressive Schätzverfahren I

Für das Demonstrationsbeispiel ergeben sich dann folgende Schätzwerte

Schätzverfahren	$\hat{\varrho}$	$\hat{\beta}_0^*(\hat{\varrho})$	$\hat{\beta}_1^*(\varrho)$	d_{DW}
Johnston	0.3953	2.5254	0.9992	1.9783
Johnston bei Verwendung des korrigierten Wertes $\hat{\varrho}_K$	0.5697	2.0653	0.9639	1.7690
Theil-Nagar	0.4449	2.4323	1.0040	2.0859
Henshaw	0.4490	2.4115	1.0050	2.1071

Zum Vergleich sollen noch die Schätzwerte, die sich bei Verwendung der korrekten Transformationsmatrix T und der von Henshaw vorgeschlagenen Schätzfunktion $\hat{\varrho}_H$ ergeben, angegeben werden

Schätzverfahren	$\hat{\varrho}$	$\hat{\beta}_0^*(\hat{\varrho})$	$\hat{\beta}_1^*(\hat{\varrho})$	d_{DW}
Henshaw bei Verwendung der korrekten Transformationsmatrix	0.4449	3.4091	0.9639	1.7690

Ebenfalls zu den zweistufigen Schätzverfahren ist das von Cochrane und Orcutt, [4], vorgeschlagene Verfahren zu rechnen. Die aus den Regressionsresiduen des mit T^* transformierten Modells

$$e^* = T^* Y - T^* X \hat{\beta}^*(\hat{\varrho})$$

errechnete Realisation d_{NH} der Testfunktion des Autokorrelationstestes nach v. Neumann–Hart wird als Funktion des Schätzwertes $\hat{\varrho}$ für den unbekannten wahren Autokorrelationskoeffizienten erster Ordnung ϱ aufgefaßt

$$d_{NH}^* = d_{NH}^*(\hat{\varrho}) .$$

Der Erwartungswert der Testfunktion nach v. Neumann–Hart ist

$$\varepsilon(D_{NH}) = 2 \frac{n}{n-1} .$$

Damit läßt sich auch

$$\left| d_{NH}^*(\hat{\varrho}) - 2 \frac{n}{n-1} \right|$$

als Funktion von $\hat{\varrho}$ auffassen. Es ist nun iterativ ein $\hat{\varrho} \in [-1, +1]$ so zu bestimmen, daß diese Funktion ein Minimum annimmt.

Autoregressive Schätzverfahren II

Nach dem von Cochrane-Orcutt vorgeschlagenen Schätzverfahren ergeben sich für das numerische Beispiel folgende Schätzwerte

Schätzverfahren	$\hat{\varrho}$	$\hat{\beta}_0^*(\varrho)$	$\hat{\beta}_1^*(\hat{\varrho})$	d_{DW}
Cochrane-Orcutt	0.4003	2.5083	1.0001	2.0000

Es gibt nun aber auch Schätzverfahren, die mit Hilfe von einstufigen Iterationsverfahren versuchen, die Parameter β und ϱ so zu bestimmen, daß die in β und ϱ nichtlineare Funktion $Q_2(\beta, \varrho)$ ein Minimum annimmt. Zu diesen sogenannten iterativen Kleinst-Quadrate-Schätzungen gehören z. B. das Gauss–Newton Verfahren, das von Fuller–Martin, [9], vorgeschlagen wird und das Gradientenverfahren oder spezielle auf nichtlineare Regressionsprobleme zugeschnittene Algorithmen wie der Marquardt-Algorithmus, [25], die auf Elementen der beiden genannten Verfahren beruhen.

Die so ermittelten Schätzwerte sind Maximum-Likelihood-Schätzwerte, da ja die Elemente des Vektors der Störvariablen u voraussetzungsgemäß normalverteilt sind (vgl. Wald, [30]). Der Nachweis der asymptotischen Eigenschaften dieser Maximum-Likelihood-Schätzungen bereitet jedoch einige Schwierigkeiten, da ja die Likelihood-Funktion, deren Exponent durch $Q_2(\beta, \varrho)$ gegeben ist, nicht das Produkt von Dichtefunktionen unabhängiger, identisch verteilter Zufallsvariablen ist (vgl. Hildreth, [19]).

Autoregressive Schätzverfahren III

Die iterative Methode der kleinsten Quadrate ergibt für das Demonstrationsbeispiel die Schätzwerte

Schätzverfahren	$\hat{\varrho}$	$\hat{\beta}_0^*$	$\hat{\beta}_1^*$
Iterative Kleinst-Quadrate-Methode bzw. Maximum-Likelihood-Methode	0.4300	2.4526	1.0029

Diese Ergebnisse sprechen für sich, obwohl bisher lediglich der Spezialfall erörtert wurde, daß die Störvariablen einem autoregressiven Prozeß erster Ordnung zugeordnet sind.[13]) Der Typ des stochastischen Prozesses, dem die Störvariablen folgen, ist jedoch bei praktischen Anwendungen unbekannt.

Durch eine Schätzung der Autokovarianzfunktion lassen sich jedoch bei genügend großem Stichprobenumfang Anhaltspunkte über den Charakter eines solchen Prozesses gewinnen.[14]) Mit einer Vorstellung über den Typ des autoregressiven Prozesses lassen sich dann z. B. mit Hilfe des sogenannten Zwei-Schritt-Verfahrens von DURBIN, [5], Schätzwerte für den Parametervektor β ermitteln. Da jedoch die Störvariablen des gewählten Demonstrationsbeispiels einem autoregressiven Prozeß erster Ordnung zugeordnet sind, soll hier nicht näher darauf eingegangen werden.

Literatur

1 ANDERSON, T. W., On the Theory of Testing Serial Correlation, Skand. Aktuarietidskrift **31**, 88ff. (1948).
2 BOX, G. E. P. und JENKINS, G. M., Time Series Analysis, Forecasting and Control, San Francisco 1970.
3 CHRIST, C. F., Econometric Models and Methods, New York 1966.
4 COCHRANE, D. und ORCUTT, G. H., Application of Least Squares Regression to Relationships Containing Autocorrelated Error Terms, J. Am. Stat. Ass. **44**, 35ff. (1949).
5 DURBIN, J., Estimation of Parameters in Time Series Regression Models, J. Roy. Stat. Soc., **B 22**, 139ff. (1960).
6 DURBIN, J., An Alternative to the Bounds Tests for Testing for Serial Correlation in Least Square Regression, Econometrica **38**, 422ff. (1970).
7 DURBIN, J. und WATSON, G. S., Testing for Serial Correlation in Least Square Regression, I: Biometrica **37**, 409ff. (1950), II: Biometrica **38**, 159ff. (1951).
8 EBERLEIN, P. J., A Jacobi-like Method for the Automatic Computation of Eigenvalues and Eigenvectors of an Arbitrary Matrix, J. of S.I.A.M. **10**, 74ff. (1962).
9 FULLER, W. A. und MARTIN, J. E., The Effects of Autocorrelated Errors on the Statistical Estimation of Distributed Lag Models, J. of Farm Econ. **43**, 71ff. (1961).
10 GOLDBERGER, A. S., Econometric Theory, New York 1964.
11 GOLLNICK, H., Einführung in die Ökonometrie, Stuttgart 1968.
12 GRENANDER, U., On the Estimation of Regression Coefficients in the Case of an Autocorrelated Disturbance, Ann. Math. Stat. **25**, 252ff. (1954).
13 HANNAN, E. J., Time Series Analysis, London 1960.
14 HANNAN, E. J. und WATSON, G. S., Serial Correlation in Regression Analysis, Biometrica **43**, 436ff. (1956).
15 HART, B. I., Tabulation of the Probabilities for the Ratio of the Mean Square Successive Difference to the Variance, Ann. Math. Stat. **13**, 207ff. (1942).
16 HART, B. I., Significance Levels for the Ratio of the Mean Square Successive Difference to the Variance, Ann. Math. Stat. **13**, 445ff. (1942).
17 HENSHAW, R. C., Application of the General Linear Model to Seasonal Adjustment of Economic Time Series, Econometrica **34**, 381ff. (1966).
18 HENSHAW, R. C., Testing Single Equation Least Squares Regression Models for Autocorrelated Disturbances, Econometrica **34**, 646ff. (1966).
19 HILDRETH, C., Asymptotic Distribution of Maximum Likelihood Estimators in Linear Models with Autoregressives Disturbances, Memorandum RM-5059-PR, The Rand Corporation, Santa Monica 1966. **34**, 381ff. (1966).
20 HILDRETH, C. und LU, J. Y., Demand Relations with Autocorrelated Disturbances, Techn. Bull. 276, Agricult. Exper. Station, Michigan State Univ., East Lansing 1960.
21 HOCHSTÄDTER, D. und UEBE, G., Ökonometrische Methoden, Heidelberg 1970.
22 JOHNSTON, J., Econometric Methods, New York 1963.
23 LÜDECKE, D., Ein ökonometrisches Vierteljahresmodell für die BRD, Tübingen 1969.
24 MALINVAUD, E., Statistical Methods of Econometrics, Amsterdam 1966.
25 MARQUARDT, D. W., An Algorithm for Least Squares Estimation of Nonlinear Parameters, J. of S.I.A.M. **11**, 436ff. (1963).
26 NEUMANN, J. VON, Distribution of the Ratio of the Mean Square Successive Difference to the Variance, Ann. Math. Stat. **12**, 367ff. (1941).
27 PEARSON, K., Tables of the Incomplete Beta Function, Cambridge 1934.
28 PRAIS, S. J. und WINSTEN, C. B., Trend Estimators and Serial Correlation, Cowles Commission Discussion Paper **383**, Chicago 1954.
29 THEIL, W. und NAGAR, A. L., Testing the Independence of Regression Disturbances, J. Am. Stat. Assoc. **56**, 793ff. (1961).
30 WALD, A., A Note on the Consistence of the Maximum Likelihood Estimate, Ann. Math. Stat. **20**, 595ff. (1949).
31 ZELLNER, A. und TIAO, G. C., Bayesian Analysis of the Regression Model with Autocorrelated Errors, J. Am. Math. Stat. **59**, 763ff. (1964).

Eingereicht am 14. 7. 1971

Anschrift: Doz. Dr. BERND SCHIPS und Dr. WINFRIED STIER, Ruhr-Universität, Seminar für Theoretische Wirtschaftslehre, 0463 Bochum-Querenburg, Buscheystr., Geb. GC (BRD)

[13]) Eine BAYESsche Analyse des linearen Regressionsmodells mit autokorrelierten Störvariablen findet sich bei ZELLNER und TIAO. Die Ermittlung der a posteriori Verteilung von β bereitet jedoch im allgemeinen recht erhebliche rechentechnische Probleme. Deshalb soll hier darauf verzichtet werden (vgl. A. ZELLNER/G. C. TIAO, [31].

[14]) Vgl. z. B. G. E. P. BOX/G. M. JENKINS, [2]. Weitere Testmöglichkeiten gibt HANNAN in [13], S. 83ff. an.

ZAMM 52, 283 – 309 (1972)

Ein Wirbelmodell zur Behandlung der Strömung am Rotorblatt eines Hubschraubers

Von W. H. Isay

Mit Hilfe der instationären Wirbeltraglinientheorie wird eine Näherungsmethode zur Berechnung der Auftriebsverteilung an Rotorblättern im Vorwärtsflug angegeben. Die vorgelegte Theorie berücksichtigt bezüglich der Wirbelgeometrie einen ungleichförmigen (insbesondere trapezförmigen) Durchfluß durch die Rotorebene sowie den Aufrollvorgang und die Kontraktion der freien Querwirbel. Bei der Ermittlung der Zirkulationsverteilung der Rotorflügel wird insbesondere der Fall behandelt, daß die Blätter die aufgerollten und kontrahierten Spitzen- und Nabenwirbel des jeweils vorausfahrenden Flügels durchschlagen.
Der Anhang der Arbeit enthält Formeln zur Berechnung des von einem Rotor abgestrahlten (kompressibel zu behandelnden) akustischen Druckfeldes.

On the base of unsteady vortex lifting-line theory an approximate method to calculate the loading distribution on rotor blades in forward flight is presented. The theory takes account of the vortex wake geometry for non-uniform (example trapezoidal) flow through the rotor-disc as well as the effect of rolling up and contraction of free tip- and root-vortices is considered. Calculating the blade-circulation distribution careful attention is payed to the case that the blades drive through the rolled-up tip- and root-vortex of the foregoing foil.
The appendix of this paper is concerned with the preparation of formulas to predict the compressible acoustic pressure field of the rotor.

С помощью теории нестационарной вихревой несущей дорожки приводится приближённый метод расчёта распределения подъемной силы на лопастясх ротора при полёте вперёд. Предлагаемая теория учитывает относительно геометрии вихрей неравномерное (зачастую в виде трапеции) протекание через плоскость ротора а также процессы развёртывания и стягивания свободных понеречных вихрей. При определении распределения циркуляции лопастей ротора излагается особенно случай, если лопасти пробивают развернутые и стянутые конечные и втулочные вихри предществующей лопасти. Приложение к работе содержит формулы определения акустического поля давления, излучаемого ротором, полученного с учётом сжимаемости.

1. Einleitung und Übersicht

Für die Berechnung der Strömung an Rotorblättern sind in der Literatur [1], [2], [3] verschiedene Näherungsmethoden angegeben worden, die je nach den darin enthaltenen Vernachlässigungen zur Behandlung unterschiedlicher (z. B. periodischer oder aperiodischer) Flugzustände verwendbar sind. Die vorliegenden Ergebnisse sind jedoch bei keiner dieser Methoden voll befriedigend, so daß es wünschenswert erscheint, an weiteren Verbesserungen insbesondere der Berücksichtigung bisher außer acht gelassener Effekte zu arbeiten.

Vom theoretischen Standpunkt aus wurde die linearisierte erweiterte Traglinientheorie am konsequentesten aufgebaut, wenn auch die in ihr enthaltenen Vereinfachungen (u. a.: die Vernachlässigung der Deformation der freien Wirbelflächen infolge des ungleichförmigen Rotordurchflusses und der Schlagbewegung der Blätter, die Kontraktion und der Aufrollvorgang der freien Querwirbel, die Schräg- und Rückwärtsanströmung der Blätter bei größeren Fortschrittsgraden) eine erhebliche Abstraktion von der physikalischen Wirklichkeit bedeuten [1], [2], [3].

In der hier vorgelegten Arbeit wird auf der Grundlage der Traglinientheorie ein modifiziertes Wirbelmodell angegeben. Dieses gestattet, einige in den bisherigen Analysen nicht enthaltene Effekte zu erfassen. Dazu gehört einmal der ungleichförmige Durchfluß durch die Rotorebene. Insbesondere soll jedoch untersucht werden, welchen Einfluß auf die Auftriebsverteilung eines Flügels die aufgerollten und kontrahierten Spitzen- und Nabenwirbel des vorausfahrenden Blattes haben, wenn der betrachtete Aufpunktflügel durch sie hindurchschlägt.

Die Strömungsrandbedingung am Rotorblatt führt dabei auf Integralgleichungen mit neuartigen Singularitäten, deren Auflösungstheorie einen wesentlichen Teil der hier vorgelegten Arbeit ausmacht.

2. Konzeption des Wirbelmodells

Der betrachtete Rotor habe N Flügel ($n = 0, 1, \dots, N-1$) und befinde sich in einem rein periodischen Flugzustand mit der Geschwindigkeit w_0 in Richtung der negativen z-Achse. Das Blatt $n = 0$ sei der Aufpunktflügel, an dem wir die Strömungsrandbedingung erfüllen werden. In unserem flugzeugfesten Koordinatensystem sei $x = 0$ die Rotorebene[1]), w_0 also die Anströmgeschwindigkeit in z-Richtung, außerdem u_0 mit $u_0^2 \ll w_0^2$ eine Anströmung in x-Richtung (Bild 1).

[1]) Als Koordinaten verwenden wir entweder kartesische x, y, z oder Zylinderkoordinaten x, $y = r\cos\varphi$, $z = r\sin\varphi$; in gleicher Weise als Integrationsvariable für Wirbellinien s statt r und ψ statt φ. ω ist die Winkelgeschwindigkeit und $\varphi_n = \varphi_0 + 2\pi n/N$ charakterisiert die momentane Winkelstellung des n-ten Blattes. R_i und R_0 sind Innen- und Außenradius des Blattes. Schließlich bezeichnen wir mit

$$\boldsymbol{v} = u\,\boldsymbol{e}_x + v\,\boldsymbol{e}_y + w\,\boldsymbol{e}_z = u\,\boldsymbol{e}_x + V\,\boldsymbol{e}_\varphi + W\,\boldsymbol{e}_r$$

wie üblich die Absolutgeschwindigkeit bezogen auf das flugzeugfeste Koordinatensystem.

Im übrigen werden weitgehend die gleichen Bezeichnungen wie in dem unter [1] genannten Buch verwendet.

Die freien Quer- und Längswirbel befinden sich wie in der linearisierten Theorie [1], [2], [3] innerhalb eines schiefen bis ins Unendliche reichenden Zylinders hinter dem Rotor.

Über die Geometrie der freien Wirbelflächen werden für die einzelnen Rotorflügel und Abflußbereiche unterschiedliche durch die physikalische Anschauung nahegelegte Annahmen gemacht.

Ohne Kontraktion und Aufrollvorgang zu berücksichtigen, führt ein in x-Richtung trapezförmiger Durchfluß durch die Rotorebene etwa

$$k_0(s, \psi) = k_{00} + k_{01} \frac{s}{R_0} \sin \psi\,, \qquad k_{00} = \text{const}; \qquad k_{01} = \text{const}; \tag{1}$$

auf freie Wirbelflächen der Gestalt (Bild 2):

$$\boldsymbol{r}_f = \psi\, k_0(s, \varphi_n + \psi)\, \boldsymbol{e}_x + s \cos(\varphi_n + \psi)\, \boldsymbol{e}_y + [s \sin(\varphi_n + \psi) + k_* \psi]\, \boldsymbol{e}_z \tag{2}$$

mit

$$k_* = \text{const}; \qquad (0 \leqq \psi \leqq \infty; \quad R_i \leqq s \leqq R_0)\,.$$

$$k_* \approx s \frac{w_0 + w_Q + w_L}{\omega s + V_Q + V_L} \approx \frac{w_0}{\omega}\,.$$

Bei konstantem Durchfluß ist $k_0 = \text{const.}$ anzunehmen; findet in gewissen Bereichen überhaupt keine Wirbelbewegung durch die Rotorebene statt, so hat man dort $k_0 = 0$ zu setzen.

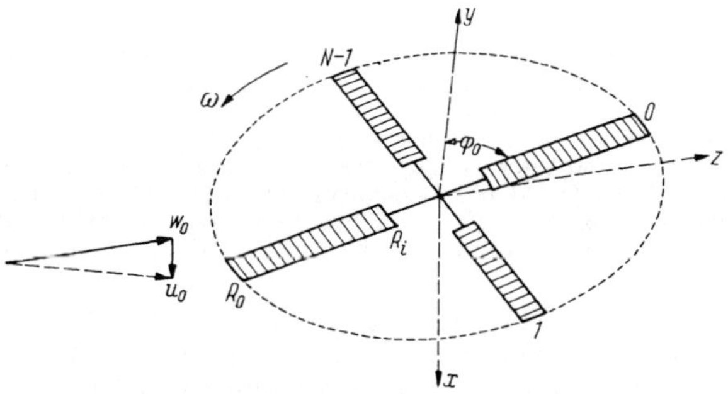

Bild 1. Koordinatensystem des Rotors ($N = 4$)

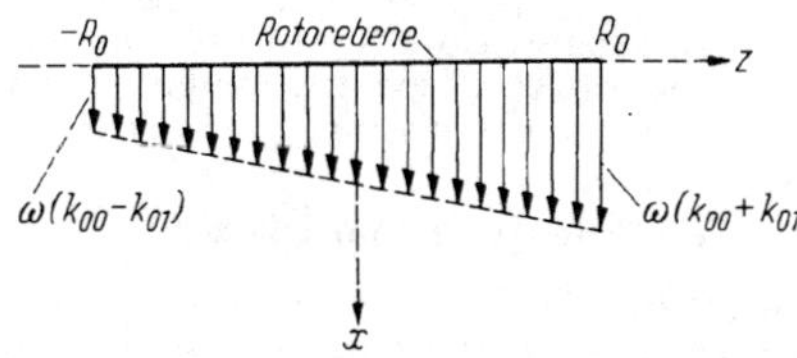

Bild 2. Trapezförmiger Durchfluß

Der Wirbelachsenvektor der freien Querwirbel ist durch $d\boldsymbol{s}_Q = \frac{\partial \boldsymbol{r}_f}{\partial \psi} d\psi$, derjenige der freien Längswirbel durch $d\boldsymbol{s}_L = \frac{d\boldsymbol{r}_f}{\partial s} ds$ gegeben.

Wir berechnen das vom Wirbelsystem des Rotors längs der Linie 3/4-Profiltiefe des Aufpunktflügels induzierte Geschwindigkeitsfeld, wie es zur Erfüllung der Strömungsrandbedingung nach der erweiterten Traglinientheorie benötigt wird (Bild 3).

Die Flügelblätter haben die Tiefe $2\, r\, \alpha(r)$, und ihre 3/4-Linie sei gegeben durch $x = 0$; $y = r \cos(\varphi_n + \alpha)$, $z = r \sin(\varphi_n + \alpha)$, $\varphi_n = \varphi_0 + (2\pi n/N)$ ($n = 0$ Aufpunktflügel).

a)

Wir ersetzen die Flügel durch in der Rotorebene $x = 0$ in den Linien 1/4-Flügeltiefe angeordnete gebundene Stabwirbel der Zirkulation $\Gamma(s, \varphi_n)$, $n = 0, 1, \ldots, N-1$, (Bild 3). Das induzierte Geschwindigkeitsfeld längs der 3/4-Linie des Aufpunktflügels ist gegeben durch

$$\boldsymbol{v}_\Gamma = \frac{1}{4\pi} \sum_{n=0}^{N-1} \int_{R_i}^{R_0} \Gamma(s, \varphi_n) \frac{r \sin\left(\alpha - \frac{2\pi n}{N}\right) \boldsymbol{e}_x\, ds}{\sqrt{r^2 + s^2 - 2\, r\, s \cos\left(\alpha - \frac{2\pi n}{N}\right)}^{\,3}}\,. \tag{3}$$

b)

Für die freien Querwirbel wählen wir folgendes Modell:

Beim Blatt $n = 0$ (Aufpunktflügel) wird vorausgesetzt, daß die Querwirbel bis etwa 1/4 der Blatt-Tiefe hinter dem Flügel (also bis $\psi \approx 2\alpha$) ohne Durchfluß in der Blattebene $x = 0$ bleiben (linearisierte Flügeltheorie) und danach entsprechend der trapezförmigen Durchflußverteilung (1) die Rotorebene verlassen (Bild 4).

Bei den übrigen Flügeln ($n \neq 0$) werden die Querwirbel als bereits aufgerollt in einen Spitzenwirbel (Stärke $+\Gamma_m(\varphi_n + \psi)$, angeordnet bei $s = s_n^{(0)} < R_0$) und in einen Nabenwirbel (Stärke $-\Gamma_m(\varphi_n + \psi)$, angeordnet bei $s = s_n^{(i)} > R_i$) angenommen. Γ_m ist dabei der zur momentanen Winkelstellung $\varphi_n + \psi$ des Flügels gehörende

Maximalwert der gebundenen Zirkulation.[2]) Die Radien $s_n^{(0)}$ und $s_n^{(i)}$ können ohne Schwierigkeit einer etwa aus Experimenten bekannten Nachlaufkontraktion angepaßt werden. (Bild 5).

Bei dem Flügel $n = N - 1$, der dem betrachteten Aufpunktflügel vorausfährt, nehmen wir an, daß Spitzen- und Nabenwirbel bis etwa 1/4-Blatt-Tiefe hinter dem Aufpunktflügel in der Rotorebene verbleiben (Bild 6) und erst dann dem trapezförmigen Durchfluß (1) entsprechend in x-Richtung weggeblasen werden. Dieses Wirbelmodell wird durch die Erfahrung nahegelegt, daß Spitzen- und Nabenwirbel des vorausfahrenden Blattes $n = N - 1$ einen großen Einfluß auf die Strömungsverhältnisse an dem zu untersuchenden Flügel $n = 0$ haben. Letzterer schlägt nämlich häufig durch jene aufgerollten freien Wirbel hindurch. Den Einfluß dieses Durchschlageffektes auf die Auftriebsverteilung eines Rotorblattes zu untersuchen, ist ja ein wesentlicher Bestandteil der vorliegenden Arbeit; hierfür erweist sich die oben beschriebene Wirbelgeometrie als besonders geeignet.

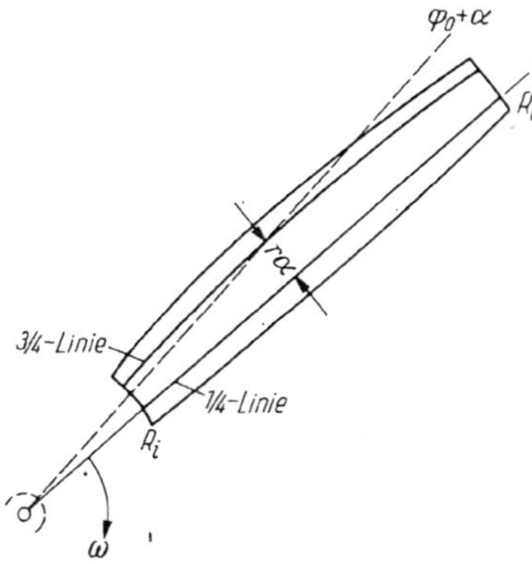

Bild 3. Bezeichnungen am Flügelblatt

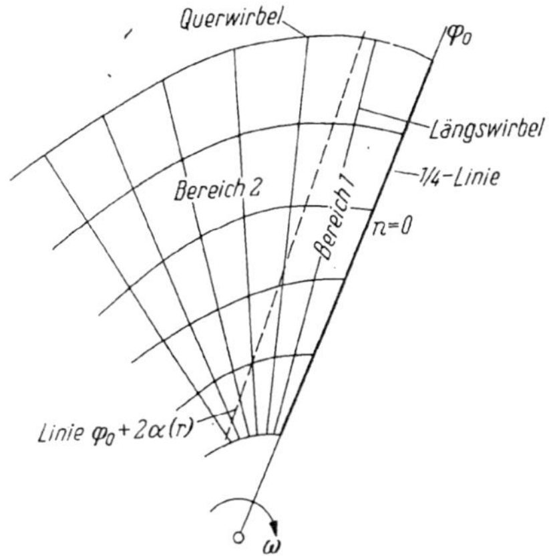

Bild 4. Wirbelsystem am Aufpunkt-Flügel. Bereich 1: Kein Durchfluß; Bereich 2: Trapezförmiger Durchfluß

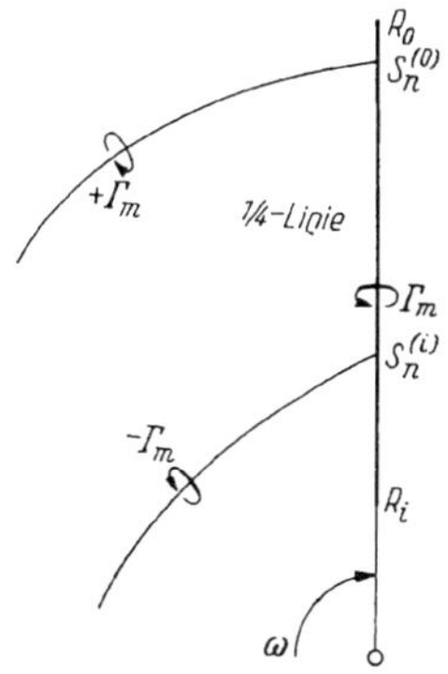

Bild 5. Blatt $n \neq 0$. Aufgerollte Querwirbel

Für die Spitzen- und Nebenwirbel der restlichen Flügel $n = 1$ bis $n = N - 2$ wird von Anfang an ein Durchfluß gemäß Gl. (1) vorausgesetzt. Der Einfluß dieser Wirbel auf die Auftriebsverteilung am Blatt $n = 0$ ist geringer und Durchschlagseffekte dürften kaum auftreten.

Unter diesen Umständen ergibt sich das von den freien Querwirbeln an der $^3/_4$-Linie des Aufpunktflügels $x = 0$, $y = r\cos(\varphi_0 + \alpha)$, $z = r\sin(\varphi_0 + \alpha)$ induzierte Geschwindigkeitsfeld in folgender Form:

$$\boldsymbol{v}_Q = \sum_{n=0}^{N-1} \boldsymbol{v}_Q^{(n)}\,.$$

$$\boldsymbol{v}_Q^{(N-1)} = \frac{1}{4\pi}\int\limits_0^{\psi_0^{(0)}+\alpha_0} \Gamma_m\left(\varphi_0 - \frac{2\pi}{N} + \psi\right)\left[\left(r\cos(\varphi_0+\alpha) - s_{N-1}^{(0)}\cos\left(\varphi_0 - \frac{2\pi}{N} + \psi\right)\right)^2 + \right.$$

$$\left. + \left(r\sin(\varphi_0+\alpha) - s_{N-1}^{(0)}\sin\left(\varphi_0 - \frac{2\pi}{N} + \psi\right) - k_*\psi\right)^2\right]^{-3/2}\left[(s_{N-1}^{(0)})^2 - r\,s_{N-1}^{(0)}\cos\left(\alpha - \psi + \frac{2\pi}{N}\right) - \right.$$

$$\left. - k_*\,r\cos(\varphi_0+\alpha) + k_*\,s_{N-1}^{(0)}\cos\left(\varphi_0 - \frac{2\pi}{N} + \psi\right) + k_*\,s_{N-1}^{(0)}\psi\sin\left(\varphi_0 - \frac{2\pi}{N} + \psi\right)\right] d\psi\,\boldsymbol{e}_x -$$

$$- \frac{1}{4\pi}\int\limits_0^{\psi_0^{(i)}+\alpha_i} \Gamma_m\left(\varphi_0 - \frac{2\pi}{N} + \psi\right)[\text{Integrand mit } s_{N-1}^{(i)}]\, d\psi\,\boldsymbol{e}_x +$$

$$+ \frac{1}{4\pi}\int\limits_{\psi_0^{(0)}+\alpha_0}^{\infty} \Gamma_m\left(\varphi_0 - \frac{2\pi}{N} + \psi\right)\left[(\varkappa_{N-1}^{(0)})^2 + \left(r\cos(\varphi_0+\alpha) - s_{N-1}^{(0)}\cos\left(\varphi_0 - \frac{2\pi}{N} + \psi\right)\right)^2 + \right.$$

$$\left. + \left(r\sin(\varphi_0+\alpha) - s_{N-1}^{(0)}\sin\left(\varphi_0 - \frac{2\pi}{N} + \psi\right) - k_*\psi\right)^2\right]^{-3/2} \times$$

$$\times\left\{\left[(s_{N-1}^{(0)})^2 - r\,s_{N-1}^{(0)}\cos\left(\alpha - \psi + \frac{2\pi}{N}\right) - k_*\,r\cos(\varphi_0+\alpha) + k_*\,s_{N-1}^{(0)}\cos\left(\varphi_0 - \frac{2\pi}{N} + \psi\right) + \right.\right.$$

[2]) An Stelle des Maximalwertes kann auch ein anderer den realen Strömungsverhältnissen besser gerecht werdender Zirkulationswert für Γ_m eingesetzt werden (z. B. aus Messungen entnommen). An Stelle einer trapezförmigen kann auch jede andere Durchflußverteilung zugrunde gelegt werden.

$$+ k_* s_{N-1}^{(0)} \psi \sin\left(\varphi_0 - \frac{2\pi}{N} + \psi\right)\Bigg] \boldsymbol{e}_x + \left[\left(s_{N-1}^{(0)} \sin\left(\varphi_0 - \frac{2\pi}{N} + \psi\right) - r \sin(\varphi_0 + \alpha) + k_* \psi\right) \times \right.$$
$$\times \frac{\partial}{\partial\psi} \varkappa_{N-1}^{(0)} - \left(k_* + s_{N-1}^{(0)} \cos\left(\varphi_0 - \frac{2\pi}{N} + \psi\right)\right) \varkappa_{N-1}^{(0)}\Bigg] \boldsymbol{e}_y + \left[\left((r \cos(\varphi_0 + \alpha) - \right.\right.$$
$$- s_{N-1}^{(0)} \cos\left(\varphi_0 - \frac{2\pi}{N} + \psi\right)\right) \frac{\partial}{\partial\psi} \varkappa_{N-1}^{(0)} - s_{N-1}^{(0)} \sin\left(\varphi_0 - \frac{2\pi}{N} + \psi\right) \varkappa_{N-1}^{(0)}\Bigg] \boldsymbol{e}_z\Bigg\} d\psi -$$
$$- \frac{1}{4\pi} \int\limits_{\psi_0^{(i)} + \alpha_i}^{\infty} \Gamma_m\left(\varphi_0 - \frac{2\pi}{N} + \psi\right) [\text{Integrand mit } s_{N-1}^{(i)}] \, d\psi \, ; \tag{4}$$

mit

$$\varkappa_{N-1}^{(0)} = (\psi - \psi_0^{(0)} - \alpha_0)\, k_0\left(s_{N-1}^{(0)};\, \varphi_0 - \frac{2\pi}{N} + \psi\right); \quad \text{analog } \varkappa_{N-1}^{(i)} .$$

$$\sum_{n=1}^{N-2} \boldsymbol{v}_Q^{(n)} = \frac{1}{4\pi} \sum_{n=1}^{N-2} \int\limits_{\psi=0}^{\infty} \Gamma_m(\varphi_n + \psi)\, [(\varkappa_n^{(0)})^2 + \left(r \cos(\varphi_0 + \alpha) - s_n^{(0)} \cos(\varphi_n + \psi)\right)^2 +$$
$$+ \left(r \sin(\varphi_0 + \alpha) - s_n^{(0)} \sin(\varphi_n + \psi) - k_* \psi\right)^2]^{-3/2} \left\{\left[(s_n^{(0)})^2 - r\, s_n^{(0)} \cos\left(\alpha - \psi - \frac{2\pi n}{N}\right) - \right.\right.$$
$$- k_* r \cos(\varphi_0 + \alpha) + k_* s_n^{(0)} \cos(\varphi_n + \psi) + k_* s_n^{(0)} \psi \sin(\varphi_n + \psi)\Bigg] \boldsymbol{e}_x +$$
$$+ \left[\left(s_n^{(0)} \sin(\varphi_n + \psi) - r \sin(\varphi_0 + \alpha) + k_* \psi\right) \frac{\partial}{\partial\psi} \varkappa_n^{(0)} - \left(k_* + s_n^{(0)} \cos(\varphi_n + \psi)\right) \varkappa_n^{(0)}\right] \boldsymbol{e}_y +$$
$$+ \left[\left(r \cos(\varphi_0 + \alpha) - s_n^{(0)} \cos(\varphi_n + \psi)\right) \frac{\partial}{\partial\psi} \varkappa_n^{(0)} - s_n^{(0)} \sin(\varphi_n + \psi)\, \varkappa_n^{(0)}\right] \boldsymbol{e}_z\Bigg\} d\psi -$$
$$- \frac{1}{4\pi} \sum_{n=1}^{N-2} \int\limits_{\psi=0}^{\infty} \Gamma_m(\varphi_n + \psi)\, [\text{Integrand mit } s_n^{(i)}] \, d\psi \, ; \tag{5}$$

mit

$$\varkappa_n^{(0)} = \psi\, k_0(s_n^{(0)}, \varphi_n + \psi)\, ; \quad \varkappa_n^{(i)} = \psi\, k_0(s_n^{(i)}, \varphi_n + \psi) .$$

$$\boldsymbol{v}_Q^{(0)} = \frac{1}{4\pi} \int\limits_{R_i}^{R_0} \int\limits_{0}^{2\alpha} \frac{\partial\Gamma(s, \varphi_0 + \psi)}{\partial s} [\left(r \cos(\varphi_0 + \alpha) - s \cos(\varphi_0 + \psi)\right)^2 +$$
$$+ \left(r \sin(\varphi_0 + \alpha) - s \sin(\varphi_0 + \psi) - k_* \psi\right)^2]^{-3/2} [r\, s \cos(\alpha - \psi) - s^2 +$$
$$+ k_* r \cos(\varphi_0 + \alpha) - k_* s \cos(\varphi_0 + \psi) - k_* s \psi \sin(\varphi_0 + \psi)] \, d\psi \, ds \, \boldsymbol{e}_x +$$
$$+ \frac{1}{4\pi} \int\limits_{R_i}^{R_0} \int\limits_{2\alpha}^{\infty} \frac{\partial\Gamma(s, \varphi_0 + \psi)}{\partial s} [(\varkappa_0)^2 + \left(r \cos(\varphi_0 + \alpha) - s \cos(\varphi_0 + \psi)\right)^2 +$$
$$+ \left(r \sin(\varphi_0 + \alpha) - s \sin(\varphi_0 + \psi) - k_* \psi\right)^2]^{-3/2} \times$$
$$\times \{[r\, s \cos(\alpha - \psi) - s^2 + k_* r \cos(\varphi_0 + \alpha) - k_* s \cos(\varphi_0 + \psi) - k_* s \psi \sin(\varphi_0 + \psi)] \boldsymbol{e}_x +$$
$$+ \left[\left(r \sin(\varphi_0 + \alpha) - s \sin(\varphi_0 + \psi) - k_* \psi\right) \frac{\partial\varkappa_0}{\partial\psi} + \left(k_* + s \cos(\varphi_0 + \psi)\right) \varkappa_0\right] \boldsymbol{e}_y +$$
$$+ \left[\left(s \cos(\varphi_0 + \psi) - r \cos(\varphi_0 + \alpha)\right) \frac{\partial\varkappa_0}{\partial\psi} + s \sin(\varphi_0 + \psi)\, \varkappa_0\right] \boldsymbol{e}_z\Bigg\} d\psi \, ds \tag{6}$$

mit

$$\varkappa_0 = (\psi - 2\alpha)\, k_0(s, \varphi_0 + \psi) .$$

In Formel (4) geben $\psi_0^{(0)}$ und $\psi_0^{(i)}$ die Winkel an, bei denen die Spitzen- und Nabenwirbel des Blattes $n = N - 1$ die $^3/_4$-Linie des Aufpunktflügels $n = 0$ schneiden; die zugehörigen Radien bezeichnen wir mit r_0 und r_i. Dann gilt definitionsgemäß (Bild 6; Bild 8):

$$\left.\begin{aligned} r_0 \cos(\varphi_0 + \alpha_0) &= s_{N-1}^{(0)} \cos\left(\varphi_0 - \frac{2\pi}{N} + \psi_0^{(0)}\right); \\ r_0 \sin(\varphi_0 + \alpha_0) &= s_{N-1}^{(0)} \sin\left(\varphi_0 - \frac{2\pi}{N} + \psi_0^{(0)}\right) + k_* \psi_0^{(0)}; \\ r_i \cos(\varphi_0 + \alpha_i) &= s_{N-1}^{(i)} \cos\left(\varphi_0 - \frac{2\pi}{N} + \psi_0^{(i)}\right); \\ r_i \sin(\varphi_0 + \alpha_i) &= s_{N-1}^{(i)} \sin\left(\varphi_0 - \frac{2\pi}{N} + \psi_0^{(i)}\right) + k_* \psi_0^{(i)}; \end{aligned}\right\} \quad \begin{aligned} \alpha_0 &= \alpha(r_0) . \\ \\ \alpha_i &= \alpha(r_i) . \end{aligned} \tag{7}$$

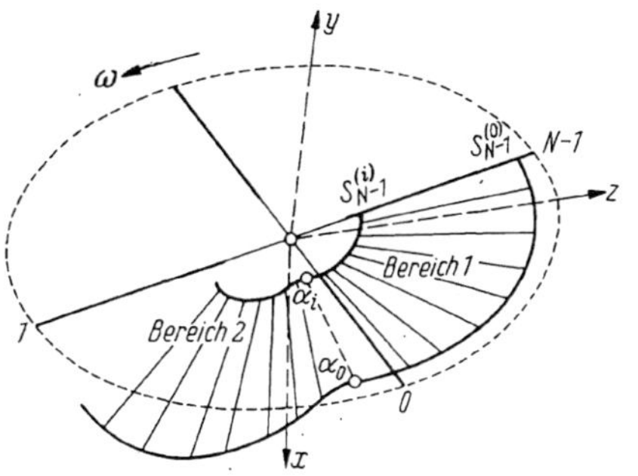

Bild 6. Spitzen- und Nabenwirbel des Blattes $n = N - 1$. Bereich 1: Kein Durchfluß; Bereich 2: Trapezförmiger Durchfluß. Analog Längswirbel

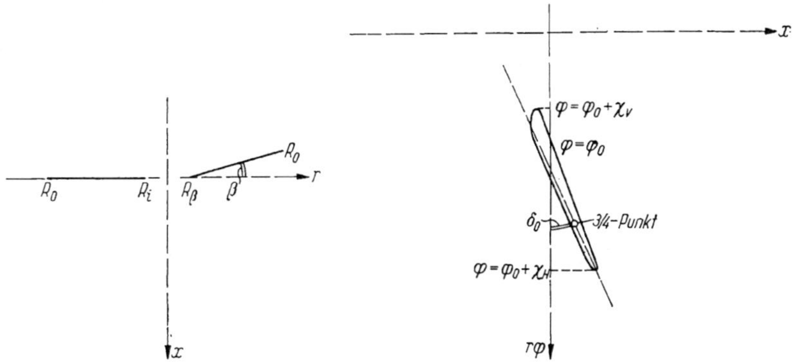

Bild 7. a) Zur Definition des Schlagwinkels, $R_\beta = R_i$ angenommen b) Flügelschnitt r = const.

c)

Für die freien Längswirbel wählen wir folgendes Modell: Beim Flügel $n = 0$ werden die Wirbel bis $^1/_4$ Flügeltiefe hinter dem Blatt (also bis $\psi = 2\,\alpha$) in der Rotorebene angeordnet (linearisierte Flügeltheorie); danach verlassen sie mit trapezförmiger Durchflußverteilung (Gl. (1)) die Ebene $x = 0$ (Bild 4).

Die Längswirbel der Blätter $n = 1$ bis $n = N - 2$, deren Einfluß auf die Strömungsrandbedingung nicht so wesentlich ist, werden von Beginn ihrer Entstehung an mit trapezförmigem Durchfluß aus der Rotorebene in x-Richtung fortgeführt.

Für die Behandlung der Längswirbel des dem Aufpunktflügel vorausfahrenden Blattes $n = N - 1$ werden im folgenden zwei Modelle diskutiert.

Fall I: Wirbelanordnung genau wie bei den Flügeln $n = 1$ bis $n = N - 2$.

Fall II: In Analogie zu dem bei den Querwirbeln verwendeten Modell verbleiben die Längswirbel bis etwa $^1/_4$-Blatt-Tiefe hinter dem Aufpunktflügel in der Rotorebene $x = 0$ und werden erst danach mit dem durch (1) gegebenen Durchfluß in x-Richtung weggeblasen (Bild 6). Mit dieser Konzeption ergibt sich das von den freien Längswirbeln in der $^3/_4$-Linie des Aufpunktflügels $x = 0$, $y = r\cos(\varphi_0 + \alpha)$, $z = r\sin(\varphi_0 + \alpha)$ induzierte Geschwindigkeitsfeld in der Form

$$\boldsymbol{v}_L = \sum_{n=0}^{N-1} \boldsymbol{v}_L^{(n)}$$

$$\begin{aligned}
\boldsymbol{v}_L^{(0)} = {} & \frac{1}{4\pi} \int_{R_i}^{R_0} \int_0^{2\alpha} \frac{\partial \Gamma(s, \varphi_0 + \psi)}{\partial \varphi_0} \left[(r\cos(\varphi_0 + \alpha) - s\cos(\varphi_0 + \psi))^2 + \right. \\
& \left. + (r\sin(\varphi_0 + \alpha) - s\sin(\varphi_0 + \psi) - k_* \psi)^2 \right]^{-3/2} \left[r\sin(\alpha - \psi) - k_* \psi \cos(\varphi_0 + \psi) \right] d\psi\, ds\, \boldsymbol{e}_x + \\
& + \frac{1}{4\pi} \int_{R_i}^{R_0} \int_{2\alpha}^{\infty} \frac{\partial \Gamma(s, \varphi_0 + \psi)}{\partial \varphi_0} \left[(\varkappa_0)^2 + (r\cos(\varphi_0 + \alpha) - s\cos(\varphi_0 + \psi))^2 + \right. \\
& \left. + (r\sin(\varphi_0 + \alpha) - s\sin(\varphi_0 + \psi) - k_* \psi)^2 \right]^{-3/2} \Big\{ \left[r\sin(\alpha - \psi) - k_* \psi\cos(\varphi_0 + \psi) \right] \boldsymbol{e}_x + \\
& + \left[(s\sin(\varphi_0 + \psi) - r\sin(\varphi_0 + \alpha) + k_* \psi) \frac{\partial \varkappa_0}{\partial s} - \sin(\varphi_0 + \psi)\, \varkappa_0 \right] \boldsymbol{e}_y + \\
& + \left[(r\cos(\varphi_0 + \alpha) - s\cos(\varphi_0 + \psi)) \frac{\partial \varkappa_0}{\partial s} + \cos(\varphi_0 + \psi)\, \varkappa_0 \right] \boldsymbol{e}_z \Big\}\, d\psi\, ds\,;
\end{aligned} \tag{8}$$

mit $\qquad \varkappa_0 = (\psi - 2\,\alpha)\, k_0(s, \varphi_0 + \psi)\,.$

$$\begin{aligned}
\sum_{n=1}^{N-2} \boldsymbol{v}_L^{(n)} = {} & \frac{1}{4\pi} \sum_{n=1}^{N-2} \int_{R_i}^{R_0} \int_0^{\infty} \frac{\partial \Gamma(s, \varphi_n + \psi)}{\partial \varphi_0} \left[(\varkappa_n)^2 + (r\cos(\varphi_0 + \alpha) - s\cos(\varphi_n + \psi))^2 + \right. \\
& \left. + (r\sin(\varphi_0 + \alpha) - s\sin(\varphi_n + \psi) - k_* \psi)^2 \right]^{-3/2} \left\{ \left[r\sin\left(\alpha - \psi - \frac{2\pi n}{N}\right) - k_* \psi\cos(\varphi_n + \psi) \right] \boldsymbol{e}_x + \right. \\
& + \left[(s\sin(\varphi_n + \psi) - r\sin(\varphi_0 + \alpha) + k_* \psi) \frac{\partial \varkappa_n}{\partial s} - \sin(\varphi_n + \psi)\, \varkappa_n \right] \boldsymbol{e}_y + \\
& \left. + \left[(r\cos(\varphi_0 + \alpha) - s\cos(\varphi_n + \psi)) \frac{\partial \varkappa_n}{\partial s} + \cos(\varphi_n + \psi)\, \varkappa_n \right] \boldsymbol{e}_z \right\} d\psi\, ds\,;
\end{aligned} \tag{9}$$

mit $\varkappa_n = \psi\, k_0\,(s, \varphi_n + \psi)\,.$

$$
\begin{aligned}
\boldsymbol{v}_L^{(N-1)} = {} & \frac{1}{4\pi} \int\limits_{R_i}^{R_0} \int\limits_{0}^{\alpha+\Psi_{N-1}} \frac{\partial \Gamma\left(s, \varphi_0 - \frac{2\pi}{N} + \psi\right)}{\partial \varphi_0} \left[\left(r \cos(\varphi_0 + \alpha) - s \cos\left(\varphi_0 - \frac{2\pi}{N} + \psi\right)\right)^2 + \right.\\
& \left. + \left(r \sin(\varphi_0 + \alpha) - s \sin\left(\varphi_0 - \frac{2\pi}{N} + \psi\right) - k_* \psi\right)^2\right]^{-3/2} \times \\
& \times \left[r \sin\left(\alpha + \frac{2\pi}{N} - \psi\right) - k_* \psi \cos\left(\varphi_0 - \frac{2\pi}{N} + \psi\right)\right] d\psi\, ds\, \boldsymbol{e}_x + \\
& + \frac{1}{4\pi} \int\limits_{R_i}^{R_0} \int\limits_{\alpha+\Psi_{N-1}}^{\infty} \frac{\partial \Gamma\left(s, \varphi_0 - \frac{2\pi}{N} + \psi\right)}{\partial \varphi_0} \left[(\varkappa_{N-1})^2 + \left(r \cos(\varphi_0 + \alpha) - s \cos\left(\varphi_0 - \frac{2\pi}{N} + \psi\right)\right)^2 + \right.\\
& \left. + \left(r \sin(\varphi_0 + \alpha) - s \sin\left(\varphi_0 - \frac{2\pi}{N} + \psi\right) - k_* \psi\right)^2\right]^{-3/2} \times \\
& \times \left\{\left[r \sin\left(\alpha + \frac{2\pi}{N} - \psi\right) - k_* \psi \cos\left(\varphi_0 - \frac{2\pi}{N} + \psi\right)\right] \boldsymbol{e}_x + \right.\\
& + \left[\left(s \sin\left(\varphi_0 - \frac{2\pi}{N} + \psi\right) - r \sin(\varphi_0 + \alpha) + k_* \psi\right) \frac{\partial \varkappa_{N-1}}{\partial s} - \sin\left(\varphi_0 - \frac{2\pi}{N} + \psi\right) \varkappa_{N-1}\right] \boldsymbol{e}_y + \\
& \left. + \left[\left(r \cos(\varphi_0 + \alpha) - s \cos\left(\varphi_0 - \frac{2\pi}{N} + \psi\right)\right) \frac{\partial \varkappa_{N-1}}{\partial s} + \cos\left(\varphi_0 - \frac{2\pi}{N} + \psi\right) \varkappa_{N-1}\right] \boldsymbol{e}_z \right\} d\psi\, ds\,;
\end{aligned}
\tag{10}
$$

mit

$$
\varkappa_{N-1} = (\psi - \alpha - \Psi_{N-1})\, k_0\left(s, \varphi_0 - \frac{2\pi}{N} + \psi\right). \qquad \text{Fall II.}
$$

Im Fall I ist $\boldsymbol{v}_L^{(N-1)}$ direkt aus Formel (9) zu entnehmen.

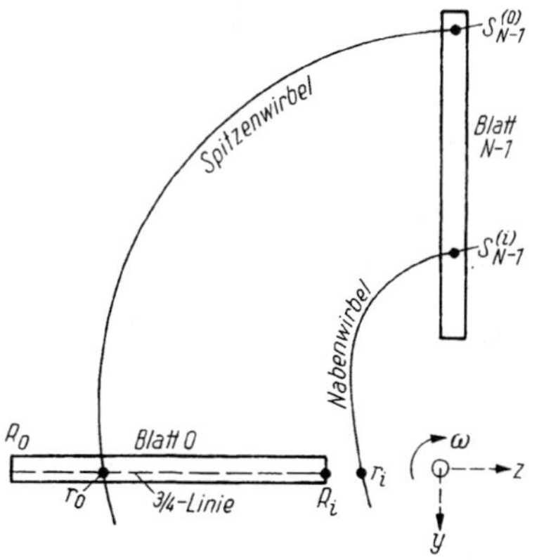

Bild 8. Zur Geometrie der Spitzen- und Nabenwirbel des Blattes $N - 1$ am Aufpunktflügel

Der Winkel Ψ_{N-1} in Gl. (10) ist durch die Singularität des Integranden des ersten Integrals definiert; letzterer wird genau dann singulär, wenn $\psi = \Psi_{N-1}$ und $s = s_{N-1}^*$ ist; es gilt also definitionsgemäß

$$
\begin{aligned}
r \cos(\varphi_0 + \alpha) &= s_{N-1}^* \cos\left(\varphi_0 - \frac{2\pi}{N} + \Psi_{N-1}\right);\\
r \sin(\varphi_0 + \alpha) &= s_{N-1}^* \sin\left(\varphi_0 - \frac{2\pi}{N} + \Psi_{N-1}\right) + k_* \Psi_{N-1}\,.
\end{aligned}
\tag{11}
$$

Damit sind die vom Wirbelsystem des Rotors am Aufpunktflügel induzierten Geschwindigkeiten angegeben, so wie sie für die Strömungsrandbedingung benötigt werden.

Wir bezeichnen wie üblich mit β den Schlagwinkel der Blätter und mit R_β den Abstand des Schlaggelenkes von der Rotorachse; $\omega\,(r - R_\beta)\,\frac{d\beta}{d\varphi_0}$ ist dann die Schlaggeschwindigkeit. Es sei ferner δ_0 der Neigungswinkel der Profilskelettlinien in ihren $^3/_4$-Punkten gegenüber der $(r\,\varphi)$-Achse (Bild 7).

Die Strömungsrandbedingung lautet (Abb. 3):

$$
\begin{aligned}
& [\omega r + w_0 \cos(\varphi_0 + \alpha)] \tan \delta_0(r, \varphi_0) - u_0 + (r - R_\beta)\, \omega \frac{d\beta}{d\varphi_0}\\
& \quad = u_\Gamma + u_L + u_Q - (V_\Gamma + V_L + V_Q) \tan \delta_0(r, \varphi_0)\,;\\
& (R_i \leqq r \leqq R_0;\ 0 \leqq \varphi_0 \leqq 2\pi)\ \left(V = - v \sin(\varphi_0 + \alpha) + w \cos(\varphi_0 + \alpha)\right).
\end{aligned}
\tag{12}
$$

Die Relation (12) liefert nach Einsetzen der induzierten Geschwindigkeiten eine Integralgleichung zur Berechnung der Flügelzirkulation.

Die beiden Durchflußkonstanten k_{00} und k_{01} müssen vor Auflösung der Gl. (12) aus einer Näherungsrechnung nach einer der bekannten einfachen Theorien ermittelt oder anderweitig auf Grund einer Vorausschätzung festgelegt werden. Diese verwendeten k_{00}- und k_{01}-Werte sind nach Auflösung der Integralgleichung und Ermittlung der induzierten Geschwindigkeiten zu überprüfen und falls erforderlich iterativ zu verbessern.

3. Untersuchung und Umformung singulärer Kernanteile der Randbedingungsintegralgleichung

Die Darstellungen (3) bis (6) und (8) bis (10) der induzierten Geschwindigkeiten enthalten bereits die Ausdrücke, die gemäß Randbedingung (12) als Kerne der Integralgleichung auftreten, so daß auf ein nochmaliges Anschreiben verzichtet werden kann.

Wir wollen uns zunächst eine Übersicht über die Struktur dieser Kernanteile verschaffen, um darauf aufbauend eine geeignete Lösungstheorie zu entwickeln. Dabei ist mit besonderer Aufmerksamkeit zu untersuchen, welchen Einfluß auf die Zirkulationsverteilung die Tatsache ausübt, daß der betrachtete Flügel die aufgerollten freien Querwirbel des vorausfahrenden Blattes durchschlägt.

Zunächst liefern die gebundenen Wirbel nach Gl. (3) sowie die Summanden

$$\sum_{n=1}^{N-2} \boldsymbol{v}_Q^{(n)}, \quad \sum_{n=1}^{N-2} \boldsymbol{v}_L^{(n)}$$

gemäß Formel (5) und (9) nur stetige Kernanteile in der Integralgleichung und brauchen nicht weiter diskutiert zu werden.

Bei den Geschwindigkeiten $\boldsymbol{v}_Q^{(0)}$, $\boldsymbol{v}_Q^{(N-1)}$, $\boldsymbol{v}_L^{(0)}$, $\boldsymbol{v}_L^{(N-1)}$ sind jeweils die Integranden der zweiten Integrale stetig; dieses ergibt sich sowohl aus Formel (4), (6), (8) und (10) als auch direkt aus der physikalischen Konzeption des verwendeten Wirbelmodells.

Einer eingehenden Untersuchung bedürfen somit die ersten Integralanteile der zuletzt genannten Geschwindigkeiten; sie enthalten übrigens nur eine x-Komponente. Diese werden wir mit Teil $(u_Q^{(0)})$, usw. bezeichnen.

a)

Wir betrachten den Aufpunktflügel $n = 0$.

Der Nenner von Teil $(u_Q^{(0)} + u_L^{(0)})$ verschwindet für vorgegebene Aufpunktkoordinaten r und $\varphi_0 + \alpha(r)$ wenn $s = s_0^*$ und $\psi = \Psi_0$ ist; dabei sind s_0^* und Ψ_0 durch folgende Gleichungen bestimmt:

$$\begin{aligned} r \cos(\varphi_0 + \alpha) &= s_0^* \cos(\varphi_0 + \Psi_0) \\ r \sin(\varphi_0 + \alpha) &= s_0^* \sin(\varphi_0 + \Psi_0) + k_* \Psi_0 . \end{aligned} \tag{13}$$

Wir entwickeln den Zähler Zä und den Nenner Ne des Integranden von Teil $(u_Q^{(0)} + u_L^{(0)})$ in der Umgebung der Stelle (13); mit der Substitution

$$\psi = \Psi_0 + \chi, \quad s = s_0^* + \sigma$$

erhält man nach elementaren Umformungen, wenn im Nenner noch Terme dritter, im Zähler noch Terme zweiter Ordnung in χ und σ berücksichtigt werden:

$$\begin{aligned} \text{Ne} = [&\sigma^2 + 2\,\sigma\,\chi\,k_* \sin(\varphi_0 + \Psi_0) + \chi^2 (s_0^{*2} + k_*^2 + 2\,k_*\,s_0^* \cos(\varphi_0 + \Psi_0) - \\ &- \chi^3 s_0^* k_* \sin(\varphi_0 + \Psi_0) + \sigma\,\chi^2 (s_0^* + 2\,k_* \cos(\varphi_0 + \Psi))]^{3/2} ; \end{aligned} \tag{14}$$

und analog ebenfalls unter Verwendung der Relationen (13):

$$\begin{aligned} \text{Zä} = &- \frac{\partial \Gamma(s, \varphi_0 + \Psi_0 + \chi)}{\partial s} \left[\sigma\,(s_0^* + k_* \cos(\varphi_0 + \Psi_0)) + \sigma^2 + \frac{1}{2}\chi^2 s_0^* (s_0^* + k_* \cos(\varphi_0 + \Psi_0))\right] - \\ &- \frac{\partial \Gamma(s, \varphi_0 + \Psi_0 + \chi)}{\partial \varphi_0} [\chi\,(s_0^* + k_* \cos(\varphi_0 + \Psi_0)) - \chi^2 k_* \sin(\varphi_0 + \Psi_0)] . \end{aligned} \tag{15}$$

Wir führen nun folgende Abkürzungen ein:

$$\begin{aligned} &A_0 = s_0^{*2} + k_*^2 + 2\,k_*\,s_0^* \cos(\varphi_0 + \Psi_0) ; \qquad B_0 = k_* \sin(\varphi_0 + \Psi_0) ; \\ &\Delta_0^2 = (s_0^* + k_* \cos(\varphi_0 + \Psi_0))^2 = A_0 - B_0^2 . \end{aligned} \tag{16}$$

Um einen Überblick über die Werte von s_0^* und Ψ_0 als Lösung des Gl.-Systems (13) zu gewinnen, bedenken wir, daß im Grenzfall $k_* \to 0$ gilt

$$s_0^* = r ; \qquad \Psi_0 = \alpha . \tag{17}$$

Beschränken wir uns wie in der Traglinientheorie des Rotors üblich auf so kleine Fortschrittsgrade k_*/R_0, daß keine Rückwärtsanströmung auftritt, so ist für alle Blattaufpunkte $r + k^* \cos(\varphi_0 + \alpha) > 0$. Bedenken wir ferner, daß auch $\alpha^2 \ll 1$ ist, so erscheint es angebracht, die Gln. (13) in linearisierter Form zu lösen. Man erhält

$$s_0^* \approx r - \frac{k_*\,r\,\alpha \sin(\varphi_0 + \alpha)}{r + k_* \cos(\varphi_0 + \alpha)} ; \qquad \Psi_0 \approx \frac{r\,\alpha}{r + k_* \cos(\varphi_0 + \alpha)} . \tag{18}$$

Aus (18) folgt dann

$$\Delta_0 = r + k_* \cos(\varphi_0 + \alpha) - k_*\,\alpha \sin(\varphi_0 + \alpha) + \text{Terme}\,(k_*^2, \alpha^2) .$$

wenn also $r + k_* \cos(\varphi_0 + \alpha) > 0$ ist, bleibt auch $\Delta_0 > 0$.

Die durch die Nullstelle $s = s_0^*$, $\psi = \Psi_0$ im Nenner des Kernanteils $n = 0$ bedingte Singularität hängt von der momentanen Flügelstellung φ_0 ab; und zwar in relativ komplizierter Form, da es durchaus r- und φ_0-Werte gibt,[3]) bei denen $s_0^* > R_0$ oder $s_0^* < R_i$ wird und somit die Singularität für kurze Zeitbereiche (also φ_0-Intervalle) wegfällt; denn s und r können ja nur Werte zwischen R_i und R_0 annehmen.

Die Auflösungstheorie von Integralgleichungen mit derartigen Kernsingularitäten wird sehr kompliziert und aufwendig, insbesondere dann, wenn Singularitäten solcher Art mehrfach und in verschiedenem Typ auftreten.

Wie sich herausstellen wird, sind derartige Singularitäten auch in dem Kernanteil des Flügels $n = N - 1$ enthalten; hier ist eine genaue Berücksichtigung wesentlicher als beim Flügel $n = 0$, da der Wert von $k_* \, \Psi_{N-1}$ aus Gl. (11) erheblich größer ist als derjenige von $k_* \, \Psi_0$ aus Gl. (13) bzw. (18).

Es erscheint daher angebracht, die Analyse des Anteils Teil $(u_Q^{(0)} + u_L^{(0)})$ mit der bei kleinem k_* ohne Rückwärtsanströmung des Blattes vertretbaren Näherungsannahme $k_* = 0$ durchzuführen. Dann ist die Kernsingularität in der einfachen Form (17) gegeben. Wir erhalten aus (6) und (8) mit (14) und (15) die übersichtliche Darstellung:

$$\begin{aligned}
\text{Teil}\,(u_Q^{(0)} + u_L^{(0)}) &= \frac{1}{4\pi}\int_{R_i}^{R_0}\int_{-\alpha}^{\alpha}\Big\{[r^2 + s^2 - 2\,r\,s\cos\chi]^{-3/2}\Big[\frac{\partial\Gamma(s,\varphi_0+\alpha+\chi)}{\partial s}(r\,s\cos\chi - s^2) - \\
&- \frac{\partial\Gamma(s,\varphi_0+\alpha+\chi)}{\partial\varphi_0}\,r\sin\chi\Big] - [(r-s)^2 + r^2\chi^2]^{-3/2}\Big(1 + \frac{3}{2}\,\frac{\chi^2\,r\,(r-s)}{(r-s)^2 + r^2\chi^2}\Big)\times \\
&\times\Big[\frac{\partial\Gamma(s,\varphi_0+\alpha+\chi)}{\partial s}\Big(r\,(r-s) - (r-s)^2 - \frac{1}{2}r^2\chi^2\Big) - \frac{\partial\Gamma(s,\varphi_0+\alpha+\chi)}{\partial\varphi_0}\,r\,\chi\Big]\Big\}\,d\chi\,ds + \\
&+ \frac{1}{4\pi}\int_{R_i}^{R_0}\Big\{\int_{-\alpha}^{\alpha}[(r-s)^2 + r^2\chi^2]^{-3/2}\Big(1 + \frac{3}{2}\,\frac{\chi^2\,r\,(r-s)}{(r-s)^2 + r^2\chi^2}\Big)\times \\
&\times\Big[\frac{\partial\Gamma(s,\varphi_0+\alpha+\chi)}{\partial s}\Big(r\,(r-s) - (r-s)^2 - \frac{1}{2}r^2\chi^2\Big) - \frac{\partial\Gamma(s,\varphi_0+\alpha+\chi)}{\partial\varphi_0}\,r\,\chi\Big]\,d\chi - \\
&- \Big(\frac{2}{r-s} + \frac{1}{r}\ln\frac{|r-s|}{2\,r\,\alpha}\Big)\frac{\partial\Gamma(s,\varphi_0+\alpha)}{\partial s} - \frac{2}{r^2}\ln\frac{|r-s|}{2\,r\,\alpha}\,\frac{\partial^2\Gamma(s,\varphi_0+\alpha)}{\partial\varphi_0^2}\Big\}\,ds - \\
&- \frac{1}{4\pi}\int_{R_i}^{R_0}\Gamma(s,\varphi_0+\alpha)\frac{ds}{r\,s} + \frac{1}{2\pi}\int_{R_i}^{R_0}\frac{\partial^3\Gamma(s,\varphi_0+\alpha)}{\partial s\,\partial\varphi_0^2}(r-s)\Big[\ln\frac{|r-s|}{2\,r\,\alpha} - 1\Big]\frac{ds}{r^2} + \\
&+ \frac{1}{2\pi}\int_{R_i}^{R_0}\Big(\frac{\partial\Gamma(s,\varphi_0+\alpha)}{\partial s} + \frac{1}{2\,s}\Gamma(s,\varphi_0+\alpha)\Big)\frac{ds}{r-s}\,.
\end{aligned} \tag{19}$$

In Formel (19) ist der Integrand des ersten Doppelintegrals stetig und verschwindet an der Stelle $\chi = 0$ und $s = r$. Unter Verwendung der Integralformeln (74) bis (81) aus Ziff. 7 ergibt sich ferner, daß der Integrand des zweiten Integrals über s für $s = r$ den Wert

$$\frac{1}{4\pi}\Big(\frac{1}{2\,r}\,\frac{\partial\Gamma(r,\varphi_0+\alpha)}{\partial r} + \frac{2}{r^2}\,\frac{\partial^2\Gamma(r,\varphi_0+\alpha)}{\partial\varphi_0^2}\Big) + O(\alpha^2)$$

annimmt, also auch stetig ist. Die restlichen Terme wurden zum Teil durch partielle Integration umgeformt, so daß der singuläre Kernanteil in der letzten Zeile von (19) deutlich hervortritt. Dabei ist

$$\Gamma(R_i,\varphi_0) = \Gamma(R_0,\varphi_0) = 0 \tag{20}$$

vorausgesetzt (vgl. Ziff. 7; Formel (82), (83)).

b)

Vorausfahrender Flügel $n = N - 1$, Längswirbel.

Wir betrachten den Fall II gemäß Gl. (10), da im Fall I der Integrand ohnehin stetig ist.

Der Integrand von Teil $(u_L^{(N-1)})$ im Fall II wird bei vorgegebenem Aufpunkt $r, \varphi + \alpha(r)$ singulär wenn gemäß Gl.-System (11) $s = s_{N-1}^*$ und $\psi = \Psi_{N-1}$ ist. In der Umgebung dieser Stelle nimmt der Nenner von Teil

---

[3]) Bei $\varphi_0 + \alpha \approx 3\pi/2$ und $r \lesssim R_0$ sowie bei $\varphi_0 + \alpha \approx \pi/2$ und $r \gtrsim R_i$

$(u_L^{(N-1)})$ die Form (14) an; lediglich ist s_0^* durch s_{N-1}^*, Ψ_0 durch Ψ_{N-1} und $(\varphi + \Psi_0)$ durch $\left(\varphi_0 - \frac{2\pi}{N} + \Psi_{N-1}\right)$ zu ersetzen. Ebenso ergibt sich für den Zähler

$$\text{Zä} = -\frac{\partial\Gamma\left(s, \varphi_0 - \frac{2\pi}{N} + \Psi_{N-1} + \chi\right)}{\partial\varphi_0}\left[\chi\left(s_{N-1}^* + k_* \cos\left(\varphi_0 - \frac{2\pi}{N} + \Psi_{N-1}\right) - \right.\right.$$
$$\left.\left. - \chi^2 k_* \sin\left(\varphi_0 - \frac{2\pi}{N} + \Psi_{N-1}\right)\right)\right]. \tag{21}$$

Setzen wir voraus, daß in dem betrachteten Aufpunkt $r, \varphi_0 + \alpha$ keine durch Wirbeldeformation bedingte anomale Häufung freier Wirbelelemente vorliegt, so beschreiben die Werte $s = s_{N-1}^*$ und $\psi = \Psi_{N-1}$ eine isolierte Singularität des Nenners; für sie müssen sowohl σ als auch χ verschwinden ($\psi = \Psi_{N-1} + \chi$; $s = s_{N-1}^* + \sigma$). Da nun der Hauptteil des Nenners für kleine σ und χ die Form

$$\left[s_{N-1}^* \sin\left(\varphi_0 - \frac{2\pi}{N} + \Psi_{N-1}\right)\chi - \cos\left(\varphi_0 - \frac{2\pi}{N} + \Psi_{N-1}\right)\sigma\right]^2 +$$
$$+ \left[s_{N-1}^* \cos\left(\varphi_0 - \frac{2\pi}{N} + \Psi_{N-1}\right)\chi + \sin\left(\varphi_0 - \frac{2\pi}{N} + \Psi_{N-1}\right)\sigma + k_*\chi\right]^2$$

hat, muß die Determinante

$$s_{N-1}^* + k_* \cos\left(\varphi_0 - \frac{2\pi}{N} + \Psi_{N-1}\right) > 0 \tag{22}$$

sein, wenn nur die Nullstelle $\sigma = 0$ und $\chi = 0$ möglich sein soll. Die Relation (22) ist für die weiteren Umformungen wesentlich.

Die Auflösung des Gl.-Systems (11) kann man für kleine k_*-Werte (d. h. ohne Rückwärtsanströmung von Aufpunkten) mit einer linearisierten Näherung beginnen, wenn Produkte der Art $(s_{N-1}^* - r)\left(\Psi_{N-1} - \frac{2\pi}{N} - \alpha\right)$ zunächst vernachlässigt werden. Man erhält so

$$s_{N-1}^* \approx r - \frac{k_* r\left(\frac{2\pi}{N} + \alpha\right)\sin(\varphi_0 + \alpha)}{r + k_* \cos(\varphi_0 + \alpha)}; \qquad \Psi_{N-1} \approx \frac{2\pi}{N} + \alpha - \frac{k_*\left(\frac{2\pi}{N} + \alpha\right)\cos(\varphi_0 + \alpha)}{r + k_* \cos(\varphi_0 + \alpha)}. \tag{23}$$

Die Näherungslösung (23) ist natürlich weniger genau als die entsprechende Relation (18) für den Flügel $n = 0$; immerhin läßt sich (23) iterativ verbessern. Da wegen $\left(\alpha + \frac{2\pi}{N}\right)^2 \gg \alpha^2$ der Winkel Ψ_{N-1} wesentlich größer als Ψ_0 ist, darf auch (anders als beim Flügel $n = 0$) k_* bei der weiteren Umformung von Teil $(u_L^{(N-1)})$ nicht vernachlässigt bzw. Null gesetzt werden.

Mit den Abkürzungen

$$A_{N-1} = s_{N-1}^{*2} + k_*^2 + 2\,k_*\,s_{N-1}^* \cos\left(\varphi_0 - \frac{2\pi}{N} + \Psi_{N-1}\right),$$

$$B_{N-1} = k_* \sin\left(\varphi_0 - \frac{2\pi}{N} + \Psi_{N-1}\right);$$

$$\Delta_{N-1}^2 = \left(s_{N-1}^* + k_* \cos\left(\varphi_0 - \frac{2\pi}{N} + \Psi_{N-1}\right)\right)^2 = A_{N-1} - B_{N-1}^2$$

erhalten wir in Analogie zu Formel (19) die folgende Darstellung:

$$\text{Teil}\,(u_L^{(N-1)}) \doteq \frac{1}{4\pi}\int_{R_i}^{R_0}\int_{-\Psi_{N-1}}^{-\alpha}\left[\left(r\cos(\varphi_0 + \alpha) - s\cos\left(\varphi_0 - \frac{2\pi}{N} + \Psi_{N-1} + \chi\right)\right)^2 + \right.$$
$$\left. + \left(r\sin(\varphi_0 + \alpha) - s\sin\left(\varphi_0 - \frac{2\pi}{N} + \Psi_{N-1} + \chi\right) - k_*(\Psi_{N-1} + \chi)\right)^2\right]^{-3/2} \times$$
$$\times \left[r\sin(\varphi_0 + \alpha)\cos\left(\varphi_0 - \frac{2\pi}{N} + \Psi_{N-1} + \chi\right) - r\cos(\varphi_0 + \alpha)\sin\left(\varphi_0 - \frac{2\pi}{N} + \Psi_{N-1} + \chi\right) - \right.$$
$$\left. - k_*(\Psi_{N-1} + \chi)\cos\left(\varphi_0 - \frac{2\pi}{N} + \Psi_{N-1} + \chi\right)\right] \frac{\partial\Gamma\left(s, \varphi_0 - \frac{2\pi}{N} + \Psi_{N-1} + \chi\right)}{\partial\varphi_0}\,d\chi\,ds -$$
$$- \frac{1}{4\pi}\int_{R_i}^{R_0}\left\{\int_{-\alpha}^{\alpha}[\sigma^2 + 2\sigma\chi B_{N-1} + \chi^2 A_{N-1}]^{-3/2}\left(1 + \frac{3}{2}\,\frac{\chi^3 s_{N-1} B_{N-1} + \sigma\chi^2(s_{N-1} - 2\Delta_{N-1})}{\sigma^2 + 2\sigma\chi B_{N-1} + \chi^2 A_{N-1}}\right) \times\right.$$

$$\times (\chi \Delta_{N-1} - \chi^2 B_{N-1}) \frac{\partial \Gamma\left(s, \varphi_0 - \frac{2\pi}{N} + \Psi_{N-1} + \chi\right)}{\partial \varphi_0} d\chi +$$

$$+ \frac{2 B_{N-1}}{\sqrt{A_{N-1}}} \left(\frac{1}{\Delta_{N-1}} \frac{1}{\sigma} - \frac{1}{A_{N-1}} \left(1 - \frac{3}{2} \frac{s_{N-1} \Delta_{N-1}}{A_{N-1}}\right) \ln \frac{|\sigma| \Delta_{N-1}}{2 \alpha A_{N-1}}\right) \frac{\partial \Gamma\left(s, \varphi_0 - \frac{2\pi}{N} + \Psi_{N-1}\right)}{\partial \varphi_0} +$$

$$\left. + \frac{2 \Delta_{N-1}}{\sqrt{A_{N-1}}^3} \ln \frac{|\sigma| \Delta_{N-1}}{2 \alpha A_{N-1}} \frac{\partial^2 \Gamma\left(s, \varphi_0 - \frac{2\pi}{N} + \Psi_{N-1}\right)}{\partial \varphi_0^2} \right\} ds +$$

$$+ \frac{1}{2\pi} \int_{R_i}^{R_0} \left\{ \frac{B_{N-1}}{\sqrt{A_{N-1}}^3} \left(1 - \frac{3}{2} \frac{s_{N-1} \Delta_{N-1}}{A_{N-1}}\right) \frac{\partial^2 \Gamma\left(s, \varphi_0 - \frac{2\pi}{N} + \Psi_{N-1}\right)}{\partial \varphi_0 \, \partial s} - \right.$$

$$\left. - \frac{\Delta_{N-1}}{\sqrt{A_{N-1}}^3} \frac{\partial^3 \Gamma\left(s, \varphi_0 - \frac{2\pi}{N} + \Psi_{N-1}\right)}{\partial \varphi_0^2 \, \partial s} \right\} \left[\ln \frac{|\sigma| \Delta_{N-1}}{2 \alpha A_{N-1}} - 1\right] \sigma \, ds -$$

$$- \frac{1}{2\pi} \frac{B_{N-1}}{\sqrt{A_{N-1}}} \frac{1}{\Delta_{N-1}} \int_{R_i}^{R_0} \frac{\partial \Gamma\left(s, \varphi_0 - \frac{2\pi}{N} + \Psi_{N-1}\right)}{\partial \varphi_0} \frac{ds}{s_{N-1}^* - s}; \qquad (\sigma = s - s_{N-1}^*). \tag{24}$$

In Formel (24) hat das erste Doppelintegral einen stetigen Integranden. Unter Verwendung der Integralformeln (74) bis (81) aus Ziff. 7 ergibt sich ferner, daß der Integrand des zweiten Integrals über s für $s = s_{N-1}^*$ den Wert

$$+ \frac{1}{2\pi} \frac{\partial \Gamma\left(s, \varphi_0 - \frac{2\pi}{N} + \Psi_{N-1}\right)}{\partial \varphi_0} \left[\frac{3 B_{N-1}^3 - 4 A_{N-1} B_{N-1}}{\Delta_{N-1}^2 \sqrt{A_{N-1}}^3} + \frac{s_{N-1}^* B_{N-1} (3{,}5 A_{N-1} - 4 B_{N-1}^2)}{\Delta_{N-1} \sqrt{A_{N-1}}^5}\right] -$$

$$- \frac{1}{2\pi} \frac{\partial^2 \Gamma\left(s, \varphi_0 - \frac{2\pi}{N} + \Psi_{N-1}\right)}{\partial \varphi_0^2} \frac{A_{N-1} - 2 B_{N-1}^2}{\Delta_{N-1} \sqrt{A_{N-1}}^3} + O(\alpha^2) \text{ hat}.$$

Das letzte Glied in Formel (24) enthält den einzigen singulären Kernanteil (vgl. auch Formel (82), (83), Ziff. 7).

c)

Vorausfahrender Flügel $n = N - 1$; aufgerollte Querwirbel.

Die zu untersuchende Geschwindigkeitskomponente Teil $(u_Q^{(N-1)})$ besteht aus dem aufgerollten Spitzenwirbel und Nabenwirbel. Da beide ganz analog aufgebaut sind führen wir die Diskussion nur für einen der Integranden durch und lassen die oberen Indizes (0) und (i) weg. Die Singularität im Integranden von Teil $(u_Q^{(N-1)})$ ist durch das Gl.-System (7) gegeben; aus ihm sind bei vorgegebenem s_{N-1} und φ_0 die Werte von r_0 und ψ_0 auszurechnen.

Wir entwickeln den Nenner Ne und den Zähler Zä von Teil $(u_Q^{(N-1)})$ in der Umgebung dieser Stelle, setzen also

$$\psi = \psi_0 + \chi, \quad r = r_0 + \varrho, \quad \alpha(r) = \alpha_0 + \alpha_0' \varrho$$

und berücksichtigen im Nenner noch Terme dritter Ordnung, im Zähler nur Terme zweiter Ordnung in χ und ϱ. Unter Berücksichtigung von (7) ergibt sich nach einigen elementaren Umformungen

$$\text{Ne} = \left\{ \varrho^2 (1 + r_0^2 \alpha_0'^2) + 2 \varrho \chi \left[s_{N-1} \sin\left(\psi_0 - \frac{2\pi}{N} - \alpha_0\right) - k_* \sin(\varphi_0 + \alpha_0) - \right.\right.$$

$$\left. - s_{N-1} r_0 \alpha_0' \cos\left(\psi_0 - \frac{2\pi}{N} - \alpha_0\right) - k_* r_0 \alpha_0' \cos(\varphi_0 + \alpha_0) \right] +$$

$$+ \chi^2 \left[s_{N-1}^2 + k_*^2 + 2 k_* s_{N-1} \cos\left(\varphi_0 - \frac{2\pi}{N} + \psi_0\right) \right] - \chi^3 k_* s_{N-1} \sin\left(\varphi_0 - \frac{2\pi}{N} + \psi_0\right) +$$

$$+ \varrho^3 r_0 \alpha_0'^2 + \varrho \chi^2 s_{N-1} \left[\cos\left(\psi_0 - \frac{2\pi}{N} - \alpha_0\right) + r_0 \alpha_0' \sin\left(\psi_0 - \frac{2\pi}{N} - \alpha_0\right) \right] - 2 \varrho^2 \chi \alpha_0' \times$$

$$\times \left[s_{N-1} \cos\left(\psi_0 - \frac{2\pi}{N} - \alpha_0\right) + k_* \cos(\varphi_0 + \alpha_0) + s_{N-1} \frac{r_0}{2} \alpha_0' \sin\left(\psi_0 - \frac{2\pi}{N} - \alpha_0\right) - \right.$$

$$\left.\left. - k_* \frac{r_0}{2} \alpha_0' \sin(\varphi_0 + \alpha) \right] \right\}^{3/2} \tag{25}$$

und abgesehen von Γ_m: (Vorzeichen Spitzenwirbel)

$$\begin{aligned}
\text{Zä} = &- \varrho \left[s_{N-1} \cos\left(\psi_0 - \frac{2\pi}{N} - \alpha_0\right) + k_* \cos(\varphi_0 + \alpha_0)\right] + \varrho\, \chi\, s_{N-1} \sin\left(\psi_0 - \frac{2\pi}{N} - \alpha_0\right) + \\
&+ \frac{1}{2} \chi^2 s_{N-1} \left[s_{N-1} + k_* \cos\left(\varphi_0 - \frac{2\pi}{N} + \psi_0\right)\right] - \alpha_0' \varrho\, (r_0 + \varrho) \left[s_{N-1} \sin\left(\psi_0 - \frac{2\pi}{N} - \alpha_0\right) - \right. \\
&\left. - k^* \sin(\varphi_0 + \alpha)\right] + \frac{1}{2} \varrho^2 r_0 \alpha_0'^2 \left[s_{N-1} \cos\left(\psi_0 - \frac{2\pi}{N} - \alpha_0\right) + k_* \cos(\varphi_0 + \alpha_0)\right] - \\
&- \varrho\, \chi\, s_{N-1} r_0 \alpha_0' \cos\left(\psi_0 - \alpha_0 - \frac{2\pi}{N}\right). \qquad (26)
\end{aligned}$$

Beschränken wir uns wie bisher auf kleine k_*-Werte $\big($d. h. keine Rückwärtsanströmung, also $s_{N-1} + k_* \cos(\varphi_0 + \alpha_0) > 0\big)$, so kann das Gl.-System (7) bezüglich $(r_0 - s_{N-1})$ und $\left(\psi_0 - \frac{2\pi}{N} - \alpha_0\right)$ linearisiert werden; seine Näherungslösung lautet dann

$$r_0 \approx s_{N-1} + \frac{k_* \left(\alpha_0 + \frac{2\pi}{N}\right) s_{N-1} \sin(\varphi_0 + \alpha_0)}{s_{N-1} + k_* \cos(\varphi_0 + \alpha_0)}; \qquad \psi_0 \approx \frac{\left(\alpha_0 + \frac{2\pi}{N}\right) s_{N-1}}{s_{N-1} + k_* \cos(\varphi_0 + \alpha_0)} \qquad (7)$$

Wir führen folgende Abkürzungen ein:

$$\begin{aligned}
A &= s_{N-1}^2 + k_*^2 + 2\, k_*\, s_{N-1} \cos\left(\varphi_0 - \frac{2\pi}{N} + \psi_0\right); \qquad C = (1 + r_0^2 \alpha_0'^2) \\
B &= s_{N-1} \sin\left(\psi_0 - \frac{2\pi}{N} - \alpha_0\right) - k_* \sin(\varphi_0 + \alpha_0) - s_{N-1} r_0 \alpha_0' \cos\left(\psi_0 - \frac{2\pi}{N} - \alpha_0\right) - \\
&\quad - k_* r_0 \alpha_0' \cos(\varphi_0 + \alpha_0); \\
A\,C - B^2 &= \left[s_{N-1} \cos\left(\psi_0 - \frac{2\pi}{N} - \alpha_0\right) + k_* \cos(\varphi_0 + \alpha_0) + \right. \\
&\quad \left. + s_{N-1} r_0 \alpha_0' \sin\left(\psi_0 - \frac{2\pi}{N} - \alpha_0\right) - k_* r_0 \alpha_0' \sin(\varphi_0 + \alpha_0)\right]^2; \qquad (28) \\
P_1 &= s_{N-1} \cos\left(\psi_0 + \frac{2\pi}{N} - \alpha_0\right) + k_* \cos(\varphi_0 + \alpha_0); \\
P_2 &= s_{N-1} \sin\left(\psi_0 - \frac{2\pi}{N} - \alpha_0\right) - k_* \sin(\varphi_0 + \alpha_0); \\
P_3 &= \cos\left(\psi_0 - \frac{2\pi}{N} - \alpha_0\right) + r_0 \alpha_0' \sin\left(\psi_0 - \frac{2\pi}{N} - \alpha_0\right); \\
P_4 &= \sin\left(\psi_0 - \frac{2\pi}{N} - \alpha_0\right) - r_0 \alpha_0' \cos\left(\psi_0 - \frac{2\pi}{N} - \alpha_0\right).
\end{aligned}$$

Der Wert $A\,C - B^2$ ist stets von Null verschieden, positiv. Dieses gilt unter der keine physikalische Einschränkung beinhaltenden Voraussetzung, daß die aufgerollten Querwirbel des Flügels $n = N - 1$ die $^3/_4$-Linie des Aufpunktflügels nicht berühren, sondern schneiden (Bild 8). Denn der Richtungsvektor des aufgerollten Querwirbels ist gegeben durch

$$d\mathbf{s}_Q = \left[- s_{N-1} \sin\left(\varphi_0 + \psi - \frac{2\pi}{N}\right) \mathbf{e}_y + s_{N-1} \cos\left(\varphi_0 + \psi - \frac{2\pi}{N}\right) \mathbf{e}_z + k_* \mathbf{e}_z\right] d\psi$$

und derjenige der $^3/_4$-Linie am Flügel $n = 0$ durch

$$d\mathbf{s}_\Gamma = [\cos(\varphi_0 + \alpha)\, \mathbf{e}_y - r\,\alpha' \sin(\varphi_0 + \alpha)\, \mathbf{e}_y + \sin(\varphi_0 + \alpha)\, \mathbf{e}_z + r\,\alpha' \cos(\varphi_0 + \alpha)\, \mathbf{e}_z]\, dr\,,$$

mit

$$\alpha' = \frac{d\alpha}{dr}.$$

Wie man unmittelbar nachrechnet, gilt dann

$$(d\mathbf{s}_\Gamma \times d\mathbf{s}_Q)^2 = A\,C - B^2\,,$$

und daraus folgt die obige Behauptung.

Unter Berücksichtigung von Formel (25), (26) und (28) erhalten wir nun die gesuchte Darstellung

$$
\begin{aligned}
\operatorname{Teil}(u_Q^{(N-1)}) = {} & \frac{1}{4\pi} \int\limits_{-\psi_0}^{-\alpha_0} \Gamma_m\left(\varphi_0 - \frac{2\pi}{N} + \psi_0 + \chi\right) \left[\left(r\cos(\varphi_0+\alpha) - s_{N-1}\cos\left(\varphi_0 - \frac{2\pi}{N} + \psi_0 + \chi\right)\right)^2 + \right. \\
& \left. + \left(r\sin(\varphi_0+\alpha) - s_{N-1}\sin\left(\varphi_0 - \frac{2\pi}{N} + \psi_0 + \chi\right) - k_* (\psi_0+\chi)\right)^2 \right]^{-3/2} \times \\
& \times \left[s_{N-1}^2 - r\, s_{N-1}\cos\left(\psi_0 + \chi - \frac{2\pi}{N} - \alpha\right) - k_*\, r\cos(\varphi_0+\alpha) + k_*\, s_{N-1}\cos\left(\varphi_0 - \frac{2\pi}{N} + \psi_0 + \chi\right) + \right. \\
& \left. + k_*\, s_{N-1}(\psi_0+\chi)\sin\left(\varphi_0 - \frac{2\pi}{N} + \psi_0 + \chi\right)\right] d\chi + \\
& + \left\{ \frac{1}{4\pi} \int\limits_{-\alpha_0}^{\alpha_0} \Gamma_m\left(\varphi_0 - \frac{2\pi}{N} + \psi_0 + \chi\right) [A\chi^2 + 2B\chi\varrho + C\varrho^2]^{-3/2} \times \right. \\
& \times \left[1 + \frac{3}{2} \frac{\chi^3 k_* s_{N-1}\sin\left(\varphi_0 - \frac{2\pi}{N} + \psi_0\right) - \varrho^3 r_0 \alpha_0'^2 - \varrho\chi^2 s_{N-1} P_3 + 2\varrho^2\chi\alpha_0'\left(P_1 + \frac{r_0}{2}\alpha_0' P_2\right)}{A\chi^2 + 2B\chi\varrho + C\varrho^2} \right] \times \\
& \times \left[-\varrho\sqrt{AC-B^2} + \varrho\chi s_{N-1} P_4 - \alpha_0'\varrho^2\left(P_2 - \frac{1}{2} r_0\alpha_0' P_1\right) + \frac{1}{2}\chi^2 s_{N-1} \times \right. \\
& \left. \times \left(s_{N-1} + k_*\cos\left(\varphi_0 - \frac{2\pi}{N} + \psi_0\right)\right)\right] d\chi + \frac{1}{2\pi}\Gamma_m\left(\varphi_0 - \frac{2\pi}{N} + \psi_0\right) \times \\
& \left. \times \left[\sqrt{\frac{A}{AC-B^2}}\,\frac{1}{\varrho} + \frac{1}{2}\frac{1}{\sqrt{A}^3}\left(s_{N-1}^2 + s_{N-1} k_*\cos\left(\varphi_0 - \frac{2\pi}{N} + \psi_0\right)\right) \ln\frac{|\varrho|\sqrt{AC-B^2}}{2A\alpha} \right] \right\} - \\
& - \left[\frac{1}{2\pi}\sqrt{\frac{A}{AC-B^2}}\,\frac{r-r_0}{b_*^2 + (r-r_0)^2} + \frac{1}{4\pi}\frac{1}{\sqrt{A}^3}\left(s_{N-1}^2 + s_{N-1} k_*\cos\left(\varphi_0 - \frac{2\pi}{N} + \psi_0\right)\right) \times \right. \\
& \left. \times \ln\frac{\sqrt{b_*^2 + (r-r_0)^2}\,\sqrt{AC-B^2}}{2A\alpha}\right] \Gamma_m\left(\varphi_0 - \frac{2\pi}{N} + \psi_0\right). \qquad (29)
\end{aligned}
$$

Zu dieser Formel (29) sind noch einige Erläuterungen zu geben. Der Integrand des ersten Integrals ist offensichtlich stetig. Unter Verwendung der Integralformeln (74) bis (81) aus Ziff. 7 ergibt sich ferner, daß der in der geschweiften Klammer {} stehende Ausdruck für $\varrho = 0$ den Wert annimmt:

$$
\begin{aligned}
& + \frac{1}{2\pi}\Gamma_m\left(\varphi_0 - \frac{2\pi}{N} + \psi_0\right)\left[s_{N-1} P_3 \left(\frac{B^2}{\sqrt{AC-B^2}^3} + \frac{1}{2}\frac{1}{\sqrt{AC-B^2}}\right)\frac{1}{\sqrt{A}} - \frac{s_{N-1} P_4 B}{(AC-B^2)\sqrt{A}} - \right. \\
& - \alpha_0'\left(P_2 - \frac{1}{2} r_0\alpha_0' P_1\right)\frac{\sqrt{A}}{AC-B^2} + 2\alpha_0'\left(P_1 + \frac{r_0}{2}\alpha_0' P_2\right)\frac{B\sqrt{A}}{\sqrt{AC-B^2}^3} + \frac{r_0\alpha_0'\sqrt{A}^3}{\sqrt{AC-B^2}^3} + \\
& + \frac{1}{2}\left(s_{N-1}^2 + s_{N-1} k_*\cos\left(\varphi_0 - \frac{2\pi}{N} + \psi_0\right)\right)\frac{2B^2 - AC}{(AC-B^2)\sqrt{A}^3} + k_*\, s_{N-1}\sin\left(\varphi_0 - \frac{2\pi}{N} + \psi_0\right) \times \\
& \left. \times \left(\frac{BC}{\sqrt{AC-B^2}^3}\frac{1}{\sqrt{A}} + \frac{B}{\sqrt{AC-B^2}}\frac{0{,}5}{\sqrt{A}^3}\right)\right] + \frac{1}{2\pi}\frac{\partial\Gamma_m\left(\varphi_0 - \frac{2\pi}{N} + \psi_0\right)}{\partial\varphi_0}\frac{B}{\sqrt{AC-B^2}\sqrt{A}}.
\end{aligned}
$$

Bei den letzten Termen von Formel (29) sind die dort nach der Potentialtheorie eigentlich stehenden singulären Ausdrücke

$$\frac{1}{\varrho} \quad \text{bzw.} \quad \ln|\varrho|$$

ersetzt worden durch

$$\frac{\varrho}{b_*^2 + \varrho^2} \quad \text{bzw.} \quad \ln\sqrt{b_*^2 + \varrho^2}$$

mit $\varrho = r - r_0$. Diesem Vorgehen liegt die Überlegung zugrunde, daß ein aufgerollter freier Querwirbel sich ja nicht wie ein potentialtheoretischer einzelner Wirbelfaden, sondern eher wie ein Rankine-Wirbel in zäher Strömung mit einem endlichen (wenn auch oft sehr kleinem) Kernradius verhält. Ein solches Geschwindigkeitsprofil kann durch den Ausdruck (Bild 9)

$$\varrho\,[b_*^2 + \varrho^2]^{-1} \quad \text{mit } b_* \text{ als Kernradius} \qquad (30)$$

recht gut approximiert werden. Gl. (30) ist für die weitere Analyse sehr geeignet.

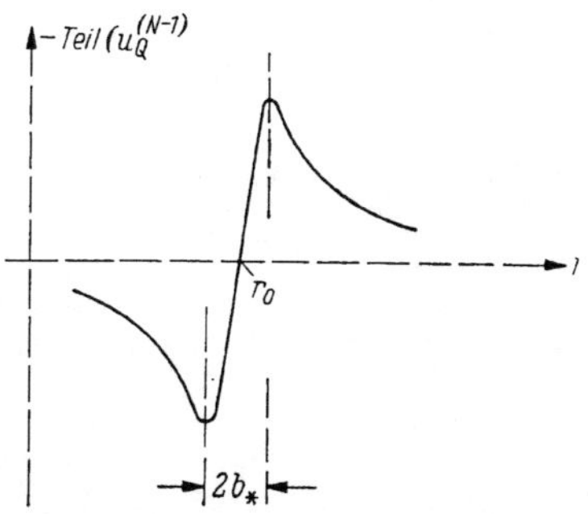

Bild 9. Induzierte Axial-Geschwindigkeit beim Durchschlag eines Spitzenwirbels

Der dem Ausdruck (30) entsprechende Anteil von Gl. (29) beschreibt wesentlich das Verhalten des Geschwindigkeitsfeldes, wenn der Aufpunktflügel $n = 0$ die aufgerollten Spitzen- und Nabenwirbel des vorausfahrenden Blattes $n = N - 1$ durchschlägt.

Wenn der Kernradius klein ist (z. B. $b_* \approx 0{,}05\, R_0$), so wird der Verlauf der Funktion (30) fast stufenförmig unstetig. Dabei ist noch zu berücksichtigen, daß gemäß Gl. (27) je nach der momentanen Winkelstellung φ_0 des Blattes sowohl Werte $r_0 \leqq R_0$ als auch $r_0 > R_0$ und entsprechend Werte $r_i \geqq R_i$ und $r_i < R_i$ möglich sind. Da die Blattaufpunkte r sich auf den Bereich $R_i \leqq r \leqq R_0$ beschränken, ist dieser stufenförmig unstetige Verlauf der Funktion (30) nur für $r_i \geqq R_i$ und für $r_0 \leqq R_0$ gegeben. Nur dann werden ja auch die aufgerollten Spitzen- und Nabenwirbel des Blattes $n = N - 1$ vom Flügel $n = 0$ getroffen (Bild 8). Diese Eigenschaften sind bei der Lösungstheorie der aus der Strömungsrandbedingung (12) entstehenden Integralgleichung zu berücksichtigen.

4. Einige Integralgleichungen

a)

Wir betrachten die Integralgleichung

$$\frac{r - r_0(\varphi_0, \alpha_0)}{b_*^2 + [r - r_0(\varphi_0, \alpha_0)]^2} = \frac{1}{2\pi} \int_{R_i}^{R_0} \left[\frac{\partial \gamma\,(s, \varphi_0 + \alpha_0)}{\partial s} + \frac{1}{2\,s}\, \gamma\,(s, \varphi_0 + \alpha_0) \right] \frac{ds}{r - s} \qquad \left(R_i \leqq {}^{r}_{s} \leqq R_0\,,\; 0 \leqq \varphi_0 \leqq 2\pi\right) \tag{31}$$

r_0 kann auch Werte annehmen, die größer sind als R_0. Mit der Transformation $b_* = 1/2\,(R_0 - R_i)\, b$ und

$$s = \frac{1}{2}(R_0 + R_i) - \frac{1}{2}(R_0 - R_i)\cos\tau\,; \qquad r = \frac{1}{2}(R_0 + R_i) - \frac{1}{2}(R_0 - R_i)\cos\vartheta\,;$$

$$r_0 = \frac{1}{2}(R_0 + R_i) - \frac{1}{2}(R_0 - R_i)\cos\vartheta_0\,,\; (r_0 \leqq R_0)\,; \qquad r_0 = \frac{1}{2}(R_0 + R_i) + \frac{1}{2}(R_0 - R_i)\cosh\vartheta_0^*\,, \; (r_0 \geqq R_0)$$

geht Gl. (31) über in die Form

$$-2\,\frac{\cos\vartheta \begin{matrix} -\cos\vartheta_0 \\ +\cosh\vartheta_0^* \end{matrix}}{b^2 + \left(\cos\vartheta \begin{matrix} -\cos\vartheta_0 \\ +\cosh\vartheta_0^* \end{matrix}\right)^2} = \frac{1}{\pi} \int_0^{\pi} \left(\frac{\partial \gamma\,(\tau, \varphi_0, + \alpha_0)}{\partial \tau} + \frac{1}{2}\, \frac{\sin\tau \cdot \gamma\,(\tau, \varphi_0 + \alpha_0)}{\dfrac{R_0 + R_i}{R_0 - R_i} - \cos\tau} \right) \frac{d\tau}{\cos\tau - \cos\vartheta}\,, \tag{32}$$

$$\left(0 \leqq {}^{\vartheta}_{\tau} \leqq \pi\,; \quad \vartheta_0 \leqq \pi\,; \quad \vartheta_0^* \geqq 0\right).$$

In Gl. (32) gilt $-\cos\vartheta_0$ für $r_0 \leqq R_0$ und $\cosh\vartheta_0^*$ für $r_0 \geqq R_0$. An der Übergangsstelle $\vartheta_0 = \pi$ und $\vartheta_0^* = 0$ stimmen beide Formeln überein, wie es sein muß.

Mit der in Ziff. 7 bewiesenen Integralformel (64) ergibt sich zunächst für die Lösung der Integralgleichung (32)

$$\frac{\partial \gamma\,(\tau, \varphi_0 + \alpha_0)}{\partial \tau} + \frac{1}{2}\, \frac{\sin\tau \cdot \gamma\,(\tau, \varphi_0 + \alpha_0)}{\dfrac{R_0 + R_i}{R_0 - R_i} - \cos\tau} = b\,\sqrt{2}\, \frac{\sqrt{Q_1} + \sin^2\tau}{b^2 + (\cos\tau - \Xi)^2} \left[1 - \Xi^2 + b^2 + \sqrt{Q_1}\right]^{-1/2} + b\,\zeta(\varphi_0, \alpha_0)\,;$$

(ζ zunächst unbestimmt)

$$\Xi = \cos\vartheta_0 \quad \text{für} \quad r_0 \leqq R_0\,; \qquad \Xi = -\cosh\vartheta_0^* \quad \text{für} \quad r_0 \geqq R_0\,. \tag{33}$$

Die Werte ϑ_0 und ϑ_0^* hängen wie r_0 von der momentanen Winkelstellung φ_0 ab. Die Gl. (33) ist als lineare gewöhnliche Differentialgleichung für die gesuchte Funktion γ bezüglich ihrer τ-Abhängigkeit anzusehen; sie kann mit der bekannten Lösungsformel unmittelbar integriert werden. Die unbekannte Funktion ζ (bezüglich der Variablen τ is ζ eine Konstante) sowie die weitere bei der Integration der Dgl. (33) auftretende Integrationskonstante sind aus der notwendig zu erfüllenden Bedingung (20) zu bestimmen, also $\gamma = 0$ für $\tau = 0$ und $\tau = \pi$.

Damit ergibt sich nach einer elementaren Zwischenrechnung die gesuchte Lösung der Integralgleichung (31) bzw. (32) in folgender Form:

$$\gamma(\tau, \varphi_0) = \frac{b\left[\dfrac{R_0 + R_i}{R_0 - R_i} - \cos\tau\right]^{-1/2}}{\left[1 - \Xi^2 + b^2 + \sqrt{Q_1}\right]^{1/2}} \left\{ \int_0^{\tau} \frac{\left[\dfrac{R_0 + R_i}{R_0 - R_i} - \cos\tau'\right]^{1/2}}{b^2 + (\cos\tau' - \Xi)^2} \sqrt{2}\,\left(\sqrt{Q_1} + \sin^2\tau'\right) d\tau' - \right.$$

$$\left. - \int_0^{\tau} \left[\frac{R_0 + R_i}{R_0 - R_i} - \cos\tau'\right]^{1/2} d\tau' \left(\int_0^{\pi} \left[\frac{R_0 + R_i}{R_0 - R_i} - \cos\tau'\right]^{1/2} d\tau' \right)^{-1} \int_0^{\pi} \frac{\left[\dfrac{R_0 + R_i}{R_0 - R_i} - \cos\tau'\right]^{1/2}}{b^2 + (\cos\tau' - \Xi)^2} \sqrt{2}\,\left(\sqrt{Q_1} + \sin^2\tau'\right) d\tau' \right\}.$$

mit $\quad \Xi = \cos\vartheta_0 \quad$ für $\quad r \leqq R_0\,, \quad \Xi = -\cosh\vartheta_0^* \quad$ für $\quad r_0 \geqq R_0\,.$ (34)

Abkürzung:

$$Q_1 \equiv (\Xi^2 - 1 - b^2)^2 + 4\,\Xi^2 b^2 .$$

$f(\varphi_0, \alpha_0)$ ist eine beliebige stetige Funktion.

Ganz analog kann die (31) entsprechende Integralgleichung gelöst werden, wenn $r_i\,(\varphi_0, \alpha_0)$ an die Stelle von r_0 tritt. Es ist dann $\Xi = \cos\vartheta_0$ für $r_i \geqq R_i$ und $\Xi = +\cosh\vartheta_0^*$ mit $\vartheta_0^* \geqq 0$ für $r_i \leqq R_i$.

Es erscheint zweckmäßig, sich einen Überblick über die Größenordnung der erhaltenen Lösung (34) zu verschaffen.

Bei der weiteren Verwendung von Formel (34) ist b_* als Kernradius eines aufgerollten Querwirbels anzusehen; aus Meßergebnissen [4] ist bekannt, daß der Kernradius aufgerollter Spitzenwirbel eines Rotors etwa zwischen 0,04 R_0 und 0,07 R_0 liegt. Daraus folgt mit $b_* = 1/2\,(R_0 - R_i)\,b$

$$b^2 \approx 10^{-2} .$$

Da in der Regel $(R_0 - R_i)^2/(R_0 + R_i)^2 \lesssim 1/2$ sein wird, gilt ferner in guter Näherung

$$\int\limits_0^\tau \sqrt{\frac{R_0 + R_i}{R_0 - R_i} - \cos\tau'}\,d\tau' \approx \sqrt{\frac{R_0 + R_i}{R_0 - R_i}}\left(\tau - \frac{1}{2}\,\frac{R_0 - R_i}{R_0 - R_i}\sin\tau\right). \qquad (35)$$

Bei der Abschätzung der Größenordnung der Lösung (34), für kleine b-Werte, wollen wir verschiedene Fälle unterscheiden.

Es sei zunächst $\sin^2\vartheta_0 \gg b^2$. Dann wird mit $\Xi = \cos\vartheta_0$:

$$\gamma(\tau, \varphi_0) \approx b\left(\frac{R_0 + R_i}{R_0 - R_i} - \cos\tau\right)^{-1/2}\left\{\int\limits_0^\tau \left(\frac{R_0 + R_i}{R_0 - R_i} - \cos\tau'\right)^{1/2} \frac{\left(\sin\vartheta_0 + \dfrac{\sin^2\tau'}{\sin\vartheta_0}\right)d\tau'}{b^2 + (\cos\tau' - \cos\vartheta_0)^2} - \right.$$

$$- \int\limits_0^\tau \left(\frac{R_0 + R_i}{R_0 - R_i} - \cos\tau'\right)^{1/2} d\tau' \left(\int\limits_0^\pi \left(\frac{R_0 + R_i}{R_0 - R_i} - \cos\tau'\right)d\tau'\right)^{-1} \times$$

$$\left. \times \int\limits_0^\pi \left(\frac{R_0 + R_i}{R_0 - R_i} - \cos\tau'\right)^{1/2} \frac{\left(\sin\vartheta_0 + \dfrac{\sin^2\tau'}{\sin\vartheta_0}\right)d\tau'}{b^2 + (\cos\tau' - \cos\vartheta_0)^2}\right\}. \qquad (36)$$

Der entscheidende Integrand in Formel (36) hat offensichtlich ein steiles Maximum, wenn $\tau' \approx \vartheta_0$ ist, und es wird in guter Annäherung ($\varepsilon^2 \ll 1$)

$$\int\limits_0^\pi \left(\frac{R_0 + R_i}{R_0 - R_i} - \cos\tau'\right)^{1/2} \frac{\left(\sin\vartheta_0 + \dfrac{\sin^2\tau'}{\sin\vartheta_0}\right)d\tau'}{b^2 + (\cos\tau' - \cos\vartheta_0)^2} \approx \int\limits_{\vartheta_0-\varepsilon}^{\vartheta_0+\varepsilon} (\ldots)\,d\tau' \approx$$

$$\approx 2\sin\vartheta_0\left(\frac{R_0 + R_i}{R_0 - R_i} - \cos\vartheta_0\right)^{1/2} \int\limits_{\vartheta_0-\varepsilon}^{\vartheta_0+\varepsilon} \frac{d\tau'}{b^2 + \sin^2\vartheta_0\,(\tau' - \vartheta_0)^2} = \frac{4}{b}\left(\frac{R_0 + R_i}{R_0 - R_i} - \cos\vartheta_0\right)^{1/2} \arctan\frac{\varepsilon\sin\vartheta_0}{b}. \qquad (37)$$

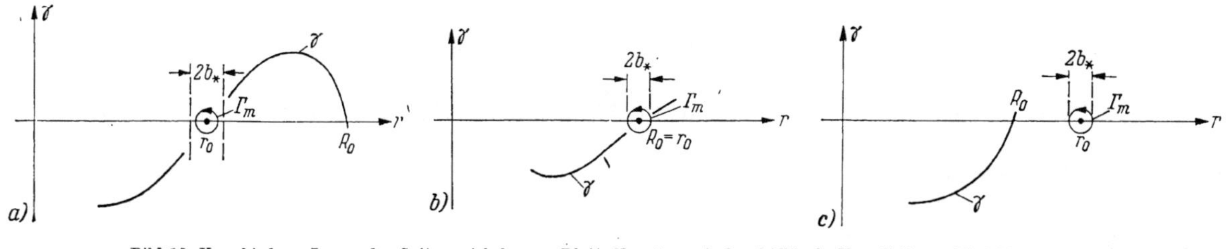

Bild 10. Verschiedene Lagen des Spitzenwirbels von Blatt $N-1$ am Aufpunktflügel. Vom Spitzenwirbel $N-1$ am Blatt 0 erzeugter Zirkulationsanteil γ

Mit (35) und (37) folgt dann aus Gl. (36) die Abschätzung

$$\gamma \approx \frac{\left(\dfrac{R_0 + R_i}{R_0 - R_i} - \cos\vartheta_0\right)^{1/2}}{\left(\dfrac{R_0 + R_i}{R_0 - R_i} - \cos\tau\right)^{1/2}}\,4\arctan\frac{\varepsilon\sin\vartheta_0}{b}\begin{cases} 1 - \dfrac{1}{\pi}\left(\tau - \dfrac{1}{2}\,\dfrac{R_0 - R_i}{R_0 + R_i}\sin\tau\right) & \text{für}\quad \tau > \vartheta_0\,; \\ -\dfrac{1}{\pi}\left(\tau - \dfrac{1}{2}\,\dfrac{R_0 - R_i}{R_0 + R_i}\sin\tau\right) & \text{für}\quad \tau < \vartheta_0\,. \end{cases} \quad (\sin^2\vartheta_0 \gg b^2) \qquad (38)$$

Formel (38) zeigt: Auch für $b \to 0$ bleibt $\gamma \sim O(1)$. Außerdem ist (wie nach der Struktur der Integralgleichung (31) zu erwarten) γ positiv für $r > r_0$, negativ für $r < r_0$. Dieses ist auch anschaulich klar, wenn man an das von einem aufgerollten Spitzenwirbel induzierte Geschwindigkeitsfeld denkt (Bild 10).

Es sei nun $\vartheta_0 = \pi$ oder $\vartheta_0^* = 0$. Dann wird mit $\Xi = -1$:

$$\gamma \approx \frac{b}{\sqrt{b + \frac{1}{2} b^2}} \left(\frac{R_0 + R_i}{R_0 - R_i} - \cos\tau\right)^{-1/2} \left\{ \int_0^\tau \left(\frac{R_0 + R_i}{R_0 - R_i} - \cos\tau'\right)^{1/2} \frac{(2b + \sin^2\tau')\, d\tau'}{b^2 + (\cos\tau' + 1)^2} - \right.$$

$$\left. - \int_0^\tau \left(\frac{R_0 + R_i}{R_0 - R_i} - \cos\tau'\right)^{1/2} d\tau' \left(\int_0^\pi \left(\frac{R_0 + R_i}{R_0 - R_i} - \cos\tau'\right)^{1/2} d\tau'\right)^{-1} \int_0^\pi \left(\frac{R_0 + R_i}{R_0 - R_i} - \cos\tau'\right)^{1/2} \frac{(\sin^2\tau' + 2b)\, d\tau'}{b^2 + (\cos\tau' + 1)^2} \right\}. \tag{39}$$

Unter Berücksichtigung der Relation (vgl. Formel (65), Ziff. 7)

$$\frac{1}{\pi} \int_0^\pi \left(1 - \frac{1}{2} \frac{R_0 - R_i}{R_0 + R_i} \cos\tau\right) \frac{(\sin^2\tau + 2b)\, d\tau}{b^2 + (\cos\tau + 1)^2} \approx \frac{1}{\sqrt{b}} \left(2 + \frac{R_0 - R_i}{R_0 + R_i}\right) - 1 - \frac{R_0 - R_i}{R_0 + R_i} \tag{40'}$$

sowie der Gl. (35) erhalten wir aus (39) die Abschätzung

$$\gamma \approx \sqrt{b} \left(\frac{R_0 + R_i}{R_0 - R_i} - \cos\tau\right)^{-1/2} \left\{ \int_0^\tau \left(\frac{R_0 + R_i}{R_0 - R_i} - \cos\tau'\right)^{1/2} \frac{(2b + \sin^2\tau')\, d\tau'}{b^2 + (\cos\tau' + 1)^2} - \right.$$

$$\left. - \left(\tau - \frac{1}{2} \frac{R_0 - R_i}{R_0 + R_i} \sin\tau\right) \frac{1}{\sqrt{b}} \left(2 + \frac{R_0 - R_i}{R_0 + R_i} - \sqrt{b} - \sqrt{b}\, \frac{R_0 - R_i}{R_0 + R_i}\right) \right\} \approx \gamma \tag{40}$$

für

$$\tau < \vartheta_0, \quad \vartheta_0 = \pi, \quad \vartheta_0^* = 0\,.$$

Auch aus der Darstellung (40) folgt: $\gamma \sim O(1)$ für $b \to 0$. Verständlicherweise ist γ negativ, da in (40) $r_0 = R_0$ also $r < r_0$ ist. Schließlich betrachten wir den Fall, daß $\sinh^2 \vartheta_0^* \gg b^2$ und $\sinh \vartheta_0^* \approx \cosh \vartheta_0^*$ wird, d. h. der aufgerollte Querwirbel in einigem Abstand außerhalb des Flügels liegt (Bild 10).

Man erhält aus (34) für $b \to 0$:

$$\gamma \approx \left(\frac{R_0 + R_i}{R_0 - R_i} - \cos\tau\right)^{-1/2} \left\{ \int_0^\tau \left(\frac{R_0 + R_i}{R_0 - R_i} - \cos\tau'\right)^{1/2} \frac{(\sinh^2\vartheta_0^* + \sin^2\tau')\, d\tau'}{(\cosh\vartheta_0^* + \cos\tau')^2} - \right.$$

$$\left. - \frac{1}{\pi} \left(\tau - \frac{1}{2} \frac{R_0 - R_i}{R_0 + R_i} \sin\tau\right) \int_0^\pi \left(\frac{R_0 + R_i}{R_0 - R_i} - \cos\tau'\right)^{1/2} \frac{(\sinh^2\vartheta_0^* + \sin^2\tau')\, d\tau'}{(\cosh\vartheta_0^* + \cos\tau')^2} \right\}. \tag{41}$$

Mit zunehmendem ϑ_0^* (also wachsendem Abstand des aufgerollten Querwirbels vom Flügel) folgt aus (41) $\gamma \to 0$, wie es sein muß; denn $(\sinh^2 \vartheta_0^* + \sin^2 \tau')(\cosh \vartheta_0^* + \cos \tau')^{-2}$ wird unabhängig von τ', und somit können die Integrale über τ' durch (35) approximiert werden.

Damit ist die Diskussion der strengen Lösung (34) von Integralgleichung (31) abgeschlossen. Ganz analog läßt sich Lösung der (31) entsprechenden Integralgleichnng mit $r_i(\varphi_0, \alpha_0)$ an Stelle von $r_0(\varphi_0, \alpha_0)$ untersuchen.

Die Ableitung $\partial\gamma/\partial\varphi_0$ der Lösung (34) nach dem die Rolle eines Parameters spielenden Winkel φ_0 bleibt an der Übergangsstelle $r_0 = R_0$ bzw. $\vartheta_0 = \pi$ und $\vartheta_0^* = 0$ steig; denn einmal ist $dr_0/d\varphi_0$ gemäß Gl. (27) stetig, zum anderen gilt ja die Abkürzung in (34)

$$r_0 = \frac{1}{2}(R_0 + R_i) - \frac{1}{2}(R_0 - R_i)\, \Xi, \quad \text{und daraus folgt} \quad \frac{d\Xi}{d\varphi_0} = -\frac{2}{R_0 - R_i} \frac{dr_0}{d\varphi_0};$$

somit bleibt $\partial\gamma/\partial\varphi_0$ im Bereich $0 \leqq \varphi_0 \leqq 2\pi$ stetig.

b)

Wir betrachten die Integralgleichung $\left(R_i \leqq {r \atop s} \leqq R_0;\ 0 \leqq \varphi_0 \leqq 2\pi\right)$:

$$F(r, \varphi_0, \alpha) + \Gamma_m\left(\varphi_0 - \frac{2\pi}{N} + \psi_0\right) f(\varphi_0, \alpha_0) \frac{r - r_0(\varphi_0, \alpha_0)}{b_*^2 + [r - r_0(\varphi_0, \alpha_0)]^2} =$$

$$= \frac{1}{2\pi} \int_{R_i}^{R_0} \left[\frac{\partial\Gamma(s, \varphi_0 + \alpha_0)}{\partial s} + \frac{1}{2s} \Gamma(s, \varphi_0 + \alpha_0)\right] \frac{ds}{r - s} +$$

$$+ \frac{1}{2\pi} f_*(r, \varphi_0) \int_{R_i}^{R_0} \frac{\partial\Gamma\left(s, \varphi_0 - \frac{2\pi}{N} + \Psi_{N-1}\right)}{\partial\varphi_0} \frac{ds}{s - s_{N-1}^*(r, \varphi_0)} + q(r, \varphi_0)\, \Gamma_m\left(\varphi_0 - \frac{2\pi}{N} + \psi_0\right) +$$

$$+ \frac{1}{2\pi} \int_{\chi_A}^{\chi_E} \Gamma_m\left(\varphi_0 - \frac{2\pi}{N} + \psi_0 + \chi\right) Q(r, \varphi_0, \chi)\, d\chi + \frac{1}{2\pi} \int_{R_i}^{R_0} \left\{\Gamma(s, \varphi_0 + \theta_1)\, K_1(r, s, \varphi_0) + \right.$$

$$+ \frac{\partial \Gamma(s, \varphi_0 + \theta_2)}{\partial s} K_2(r, s, \varphi_0) + \frac{\partial \Gamma(s, \varphi_0 + \theta_3)}{\partial \varphi_0} K_3(r, s, \varphi_0) +$$

$$+ \int\limits_{(\chi)} \left[\frac{\partial \Gamma(s, \varphi_0 + \theta_4 + \chi)}{\partial s} K_4(r, s, \varphi_0, \chi) + \frac{\partial \Gamma(s, \varphi_0 + \theta_5 + \chi)}{\partial \varphi_0} K_5(r, s, \varphi_0, \chi) \right] d\chi \Bigg\} ds. \quad (42)$$

Der Aufbau der Gl. (42) bedarf noch einiger Erläuterungen.

Zunächst enthält (42) als Teil die Integralgleichung (31); es tritt außerdem ein partiell singulärer Kernanteil der neuartigen Form $[s - s^*_{N-1}(r, \varphi_0)]^{-1}$ auf. Dabei ist $s^*_{N-1}(r, \varphi_0)$ durch Gl. (23) gegeben; es sind also sowohl Werte $R_i \leqq s^*_{N-1} \leqq R_0$ als auch $s^*_{N-1} < R_i$, $s^*_{N-1} > R_0$ möglich; für letztere ist der genannte Kernanteil nicht singulär.

Γ_m ist ein spezieller Wert der gesuchten Funktion Γ; und zwar bei der Anwendung auf die Rotorströmung handelt es sich um die Zirkulation der aufgerollten Spitzen- und Nabenwirbel. Auf die geeignete Festlegung von Γ_m kommen wir noch zurück.

K_1 bis K_4 sowie Q sind in allen Variablen stetige Kernanteile der Integralgleichung (42); $\int\limits_{(\chi)}$ ist eine symbolische Schreibung für Integrale über χ mit verschiedenen möglichen Grenzen, deren Existenz dabei natürlich vorausgesetzt wird. θ_1 bis θ_5 bezeichnen Phasenverschiebungen der φ_0-Abhängigkeit. $q(r, \varphi_0)$, $f_*(r, \varphi_0)$, $f(\varphi_0, \alpha_0)$, $F(r, \varphi_0, \alpha_0)$ stellen vorgegebene stetige Funktionen dar.

Für die Auflösung der Gl. (42) machen wir zunächst mit der Transformation

$$s = \frac{1}{2}(R_0 + R_i) - \frac{1}{2}(R_0 - R_i)\cos\tau \qquad (\varphi_\alpha = \varphi_0 - \alpha_0)$$

den Ansatz:

$$\Gamma(s, \varphi_0) \equiv \Gamma(\tau, \varphi_0) = \Gamma_m\left(\varphi_\alpha - \frac{2\pi}{N} + \psi_0\right) f(\varphi_\alpha, \alpha_0)\, \gamma(\tau, \varphi_\alpha) + \Gamma_*(\tau, \varphi_0). \quad (43)$$

Und zwar sei $\gamma(\tau, \varphi_0)$ die Lösung der Integralgleichung (31); die Funktion γ ist somit bekannt und kann unmittelbar aus Formel (34) entnommen werden. Im Fall der Rotorströmung charakterisiert γ den Einfluß eines vom Rotorblatt durchschlagenen aufgerollten Querwirbels auf die Flügelzirkulation. Da $\gamma(0, \varphi_0) = 0$, $\gamma(\pi, \varphi_0) = 0$ ist, läßt sich γ (auch bei einem relativ steilen Funktionsverlauf bei einer entsprechenden Anzahl L von Gliedern) in eine Fourier-Sinusreihe entwickeln:

$$\gamma(\tau, \varphi_0) = \sum_{\lambda=1}^{L} \gamma_\lambda(\varphi_0) \sin\lambda\tau. \quad (44)$$

Die weitere Ansatzfunktion Γ_* wird im wesentlichen durch das übrige Strömungsfeld bestimmt, in dem das Flügelblatt arbeitet. Auch Γ_* muß für $\tau = 0$ und $\tau = \pi$ verschwinden und soll in einer Fourier-Reihe der Form angesetzt werden:

$$\Gamma_*(\tau, \varphi_0) = \sum_{\mu=-M_0}^{M_a} \sum_{\nu=1}^{M} a_{\mu\nu}\, e^{i\mu\varphi_0} \sin\nu\tau. \quad (45)$$

$$(0 \leqq \tau \leqq \pi, \quad 0 \leqq \varphi_0 \leqq 2\pi).$$

Wir wollen von der Vorstellung ausgehen, der Aufrollvorgang der freien Wirbel erfolge etwa in der Weise, das im Bereich $r > \frac{R_0 + R_i}{2}$ befindliche Wirbelmaterial den Spitzenwirbel, das im Bereich $r < \frac{R_0 + R_i}{2}$ den Nabenwirbel bildet. Dann ist[4])

$$\Gamma_m(\varphi_0) \approx \Gamma\left(\frac{R_0 + R_i}{2}, \varphi_0\right) = \Gamma\left(\frac{\pi}{2}, \varphi_0\right).$$

Setzt man näherungsweise $\psi_0 \approx (2\pi)/N$, so folgt aus (43) (α_0 vernachlässigt)

$$\Gamma_m(\varphi_0) \approx \Gamma_m(\varphi_0)\, f(\varphi_0, \alpha_0)\, \gamma\left(\frac{\pi}{2}, \varphi_0\right) + \Gamma_*\left(\frac{\pi}{2}, \varphi_0\right),$$

oder

$$\Gamma_m(\varphi_0) = \frac{\Gamma_*\left(\frac{\pi}{2}, \varphi_0\right)}{1 - f(\varphi_0, \alpha_0)\, \gamma\left(\frac{\pi}{2}, \varphi_0\right)}. \quad (46)$$

Da nach der Abschätzung (38) $\gamma(\pi/2, \varphi_0) < 0$ ist und auch $f > 0$ vorausgesetzt werden kann gemäß Gl. (29), so wird der Nenner in (46) nicht verschwinden.

---

[4]) Grundsätzlich kann natürlich auch ein anderer τ-Wert als $\pi/2$ zur Festlegung von Γ_m verwendet werden.

Ehe wir mit dem Ansatz (43) bis (46) in die Integralgleichung (42) hineingehen, wollen wir noch einige Formeln zur rationellen Berechnung der singulären Kernanteile in Gl. (42) zusammenstellen.

Zunächst wird die Transformation durchgeführt:

$$\begin{aligned} s^*_{N-1} &= \frac{R_0+R_i}{2} - \frac{R_0-R_i}{2}\cos\xi\,, \quad \text{für} \quad R_i \leqq s^*_{N-1} \leqq R_0\,; \\ s^*_{N-1} &= \frac{R_0+R_i}{2} \pm \frac{R_0-R_i}{2}\cosh\xi^*\,; \quad \begin{matrix} + \text{ für } s^*_{N-1} \geqq R_0 \\ - \text{ für } s^*_{N-1} \leqq R_i\,; \end{matrix} \qquad (\xi_* \geqq 0) \\ r &= \frac{R_0+R_i}{2} - \frac{R_0-R_i}{2}\cos\vartheta\,. \end{aligned} \tag{47}$$

Unter Berücksichtigung der Integralformeln (66) bis (68) aus Ziff. 7 wird dann

$$\begin{aligned} &\frac{1}{2\pi}\int\limits_{R_i}^{R_0}\left\{\frac{\partial\Gamma_*(s,\varphi_0+\alpha_0)}{\partial s} + \frac{1}{2\,s}\Gamma_*(s_0\varphi_0+\alpha_0)\right\}\frac{ds}{r-s} = \frac{1}{2\pi}\int\limits_{R_i}^{R_0}\Gamma_*(s,\varphi\ +\alpha)\frac{ds}{2\,r\,s} + \\ &+\frac{1}{2\pi}\int\limits_{R_i}^{R_0}\left\{\frac{\partial\Gamma_*(s,\varphi_0+\alpha_0)}{\partial s} + \frac{1}{2\,r}\Gamma_*(s,\varphi_0+\alpha_0)\right\}\frac{ds}{r-s} = \\ &= \sum_{\mu=-M_0}^{M_0}\sum_{\nu=1}^{M} a_{\mu\nu}\,\nu\,e^{i\mu(\varphi_0+\alpha_0)}\left\{\frac{1}{R_0-R_i}\frac{\sin\nu\vartheta}{\sin\vartheta} - \frac{1}{4\,\nu\,r(\vartheta)}\cos\nu\vartheta + \frac{1}{2\pi\nu}\int\limits_0^{\pi}\frac{R_0-R_i}{4\,s(\tau)\,r(\vartheta)}\sin\nu\tau\sin\tau\,d\tau\right\}. \\ &\qquad\qquad \left(R_i \leqq {r \atop s} \leqq R_0\right). \end{aligned} \tag{48}$$

$$\begin{aligned} &\frac{1}{2\pi}\int\limits_{R_i}^{R_0}\frac{\partial\Gamma\left(s,\varphi_0-\frac{2\pi}{N}+\Psi_{N-1}\right)}{\partial\varphi_0}\frac{ds}{s-s^*_{N-1}(r,\varphi_0)} = \frac{1}{2}\sum_{\mu=-M_0}^{M_0}\sum_{\nu=1}^{M} a_{\mu\nu}\,i\,\mu\,e^{i\mu\left(\varphi_0-\frac{2\pi}{N}+\Psi_{N-1}\right)}\begin{pmatrix}\cos\nu\xi \\ e^{-\nu\xi^*} \\ (-1)^\nu e^{-\nu\xi^*}\end{pmatrix} + \\ &+\frac{1}{2}\sum_{\mu=-M_0}^{M_0}\sum_{\nu=1}^{M} a_{\mu\nu}\sin\nu\frac{\pi}{2}\frac{\partial}{\partial\varphi_0}\left\{e^{i\mu\left(\varphi_\alpha-\frac{4\pi}{N}+\Psi_{N-1}+\psi_0\right)}f\left(\varphi_\alpha-\frac{2\pi}{N}+\Psi_{N-1},\alpha_0\right)\times\right. \\ &\times\sum_{\lambda=1}^{L}\gamma_\lambda\left(\varphi_\alpha-\frac{2\pi}{N}+\Psi_{N-1}\right)\left[1-f\left(\varphi_\alpha-\frac{4\pi}{N}+\Psi_{N-1}+\psi_0\right)\gamma\left(\frac{\pi}{2},\varphi_\alpha-\frac{4\pi}{N}+\Psi_{N-1}+\psi_0\right)\right]^{-1}\times \\ &\times\begin{pmatrix}\cos\lambda\xi \\ e^{-\lambda\xi^*} \\ (-1)^\lambda e^{-\lambda\xi^*}\end{pmatrix}. \qquad\qquad (\varphi_\alpha = \varphi_0-\alpha_0)\,. \end{aligned} \tag{49}$$

In Formel (49) gilt die oberste Zeile in den Klammerausdrücken für $R_i \leqq s^*_{N-1} \leqq R_0$, die mittlere für $s^*_{N-1} \leqq R_i$ und die untere für $s^*_{N-1} \geqq R_0$.[5]) Im Fall der Rotorströmung ist für

$0 \leqq \varphi_0 + \alpha \leqq \pi$ sowohl $R_i \leqq s^*_{N-1} < R_0$ als auch $s^*_{N-1} \leqq R_i$, und für

$\pi \leqq \varphi_0 + \alpha \leqq 2\pi$ sowohl $R_i < s^*_{N-1} \leqq R_0$ als auch $s^*_{N-1} \geqq R_0$ möglich.

(vgl. Gl. (23)). Die transformierten Variablen ξ, ξ^* gemäß Formel (47) liegen dann in folgenden Bereichen:

$0 \leqq \varphi_0 + \alpha \leqq \pi$: $0 \leqq \xi \leqq \xi_1(\varphi_0)$ und $0 \leqq \xi^* \leqq \xi_1^*(\varphi_0)$;

$\pi \leqq \varphi_0 + \alpha \leqq 2\pi$: $\xi_2(\varphi_0) \leqq \xi \leqq \pi$ und $0 \leqq \xi^* \leqq \xi_2^*(\varphi_0)$;

mit

$$\begin{aligned} \xi_1(\varphi_0) &= \text{arc cos}\left(\frac{R_0+R_i-2\,s^*_{N-1}(R_0,\varphi_0)}{R_0-R_i}\right); \quad \xi_1(-\alpha) = \xi_1(\pi-\alpha) = \pi\,. \\ \xi_1^*(\varphi_0) &= \text{arcosh}\left(\frac{R_0+R_i-2\,s^*_{N-1}(R_i,\varphi_0)}{R_0-R_i}\right); \quad \xi_1^*(-\alpha) = \xi_1^*(\pi-\alpha) = 0\,. \\ \xi_2(\varphi_0) &= \text{arc cos}\left(\frac{R_0+R_i-2\,s^*_{N-1}(R_i,\varphi_0)}{R_0-R_i}\right); \quad \xi_2(-\alpha) = \xi_2(\pi-\alpha) = 0\,. \\ \xi_2^*(\varphi_0) &= \text{arcosh}\left(\frac{R_0+R_i-2\,s^*_{N-1}(R_0,\varphi_0)}{R_i-R_0}\right); \quad \xi_2^*(-\alpha) = \xi_2^*(\pi-\alpha) = 0\,. \end{aligned} \tag{50}$$

[5]) Die Werte in den Klammerausdrücken gehen an den Übergangsstellen $\xi = 0$, $\xi^* = 0$ bzw. $\xi = \pi$, $\xi^* = 0$ stetig ineinander über. $s^*_{N-1} = s^*_{N-1}(r,\varphi_0)$. Die Ableitung $\partial/\partial\varphi_0$ in (49) ist nur nach den explizit vorkommenden φ_0-Werten zu vollziehen, nicht aber nach den auch von φ_0 abhängigen Phasenverschiebungen Ψ_{N-1} und ψ_0. [Denn Gl. (46) wurde auch unter der Annahme $\psi_0 \approx (2\pi)/N$, also unabhängig von φ_0, gewonnen].

Der Lösungsansatz (43) bis (46) für die Integralgleichung (42) kann in der übersichtlicheren linear von den zu berechnenden Lösungskoeffizienten $a_{\mu\nu}$ abhängigen Form dargestellt werden:

$$\Gamma(s,\varphi_0)\equiv\Gamma(\tau,\varphi_0)=\sum_{\mu=-M_0}^{M_0}\sum_{\nu=1}^{M}a_{\mu\nu}\,e^{i\mu\varphi_0}\left\{\sin\nu\tau+\frac{e^{-i\mu\left(\frac{2\pi}{N}-\psi_0+\alpha_0\right)}\sin\nu\frac{\pi}{2}f(\varphi_\alpha,\alpha_0)\,\gamma(\tau,\varphi_\alpha)}{1-f\left(\varphi_\alpha-\frac{2\pi}{N}+\psi_0,\alpha_0\right)\gamma\left(\frac{\pi}{2},\varphi_\alpha-\frac{2\pi}{N}+\psi_0\right)}\right\}.$$

$$[a_{-\mu,\nu}=\bar a_{\mu\nu}]\,. \tag{51}$$

Dabei stellt $\gamma(\tau,\varphi_0)$ die bereits bekannte Lösung (34) der Integralgleichung (31) dar. Sie charakterisiert bei der Rotorströmung den Effekt des durchschlagenen aufgerollten Querwirbels (Spitzenwirbels) des vorausführenden Blattes auf die Zirkulationsverteilung am Flügel. In der Form (51) zeigt der Ansatz besonders klar diesen Lösungsanteil abgespalten; der Rest der Lösung besteht aus einer konventionellen traglinientheoretischen $\sin\nu\tau$-Reihe.

Mit (51) geht die Integralgleichung (42) in die Form über

$$I\,g/(r,\varphi_0)\equiv F(r,\varphi_0,\alpha)-\frac{1}{2\pi}\int_{R_i}^{R_0}\left[\frac{\partial\Gamma_*(s,\varphi_0+\alpha_0)}{\partial s}+\frac{1}{2s}\Gamma_*(s,\varphi_0+\alpha_0)\right]\frac{ds}{r-s}+$$

$$+\frac{1}{2\pi}f_*(r,\varphi_0)\int_{R_i}^{R_0}\frac{\partial\Gamma\left(s,\varphi_0-\frac{2\pi}{N}+\Psi_{N-1}\right)}{\partial\varphi_0}\,\frac{ds}{s_{N-1}^*(r,\varphi_0)-s}-$$

$$-\frac{q(r,\varphi_0)\,\Gamma_*\left(\frac{\pi}{2},\varphi_0-\frac{2\pi}{N}+\psi_0\right)}{1-f\left(\varphi_0-\frac{2\pi}{N}+\psi_0,\alpha_0\right)\gamma\left(\frac{\pi}{2},\varphi_0-\frac{2\pi}{N}+\psi_0\right)}-\frac{1}{2\pi}\int_{\chi_A}^{\chi_E}Q(r,\varphi_0,\chi)\times$$

$$\times\frac{\Gamma_*\left(\frac{\pi}{2},\varphi_0-\frac{2\pi}{N}+\psi_0+\chi\right)d\chi}{1-f\left(\varphi_0-\frac{2\pi}{N}+\psi_0+\chi,\alpha_0\right)\gamma\left(\frac{\pi}{2},\varphi_0-\frac{2\pi}{N}+\psi_0+\chi\right)}-\frac{1}{2\pi}\int_{R_i}^{R_0}\left\{\Gamma(s,\varphi_0+\theta_1)\,K_1(r,s,\varphi_0)+\right.$$

$$+\frac{\partial\Gamma(s,\varphi_0+\theta_2)}{\partial s}K_2(r,s,\varphi_0)+\frac{\partial\Gamma(s,\varphi_0+\theta_3)}{\partial\varphi_0}K_3(r,s,\varphi_0)+$$

$$\left.+\int_{(\chi)}\left[\frac{\partial\Gamma(s,\varphi_0+\theta_4+\chi)}{\partial s}K_4(r,s,\varphi_0,\chi)+\frac{\partial\Gamma(s,\varphi_0+\theta_5+\chi)}{\partial\varphi_0}K_5(r,s,\varphi_0,\chi)\right]d\chi\right\}ds=0\,.$$

$$(0\leqq\varphi_0\leqq2\pi;\quad R_i\leqq r\leqq R_0)\,. \tag{52}$$

Es erscheint am zweckmäßigsten, die Auflösung von (52) nach der Methode des kleinsten Fehlerquadrates durchzuführen, also mit der Bedingung

$$\sum_{l=1}^{2L_0}\sum_{j=1}^{L}\{I\,g/(r_j,\varphi_{0l})\}^2=\text{Minimum}\,. \tag{53}$$

Dabei sind r_j,φ_{0l} ausgewählte Aufpunkte; in der Regel $\varphi_{0l}=\frac{l\pi}{L_0}$ und $r_j=\frac{1}{2}(R_0+R_i)-\frac{1}{2}(R_0-R_i)\cos\frac{j\pi}{L+1}$. Die Bedingung (53) führt mit dem Ansatz (51) auf ein lineares Gleichungssystem zur Berechnung der $2\,M_0\,M$ Lösungskoeffizienten $a_{\mu\nu}$. Im Sonderfall $L=M$ und $L_0=M_0$ verschwindet das Minimum. In der Regel wird man aber zur Erreichung einer möglichst gleichmäßigen Approximation $L>M$ und unter Umständen auch $L_0>M_0$ wählen.

Die beiden singulären Integranden in Gl. (52) werden mit Hilfe der Formeln (48) und (49), die übrigen sämtlich stetigen Integranden unter Verwendung eines der üblichen Quadraturverfahren ausgewertet. Die Tatsache, daß je nach dem vorliegenden Aufpunkt r_j, φ_{0l} entweder $R_i\leqq s_{N-1}^*\leqq R_0$ oder $s_{N-1}^*<R_i$ oder $s_{N-1}^*>R_0$ ist und dementsprechend in Gl. (49) drei verschiedene Darstellungen herangezogen werden müssen, beeinträchtigt das Lösungsverfahren in keiner Weise. Es ist lediglich erforderlich, sich zunächst etwa mit Hilfe von Gl. (23) einen genauen Überblick über die Abhängigkeit der Größe s_{N-1}^* von den gewählten Aufpunkten r_j, φ_{0l} zu verschaffen.

5. Die Integralgleichung der Strömungsrandbedingung

In Ziff. 2 und 3 haben wir die entsprechend dem vorliegenden Wirbelmodell am Flügelblatt des Rotors induzierten Geschwindigkeiten behandelt. Setzen wir diese in der Darstellung (3) bis (6), (8) bis (10) sowie (19), (24) und (29) in die Strömungsrandbedingung (12) am Rotorflügel ein, so entsteht eine Integralgleichung des allgemeinen Typs (42) wie sie in Ziff. 4b diskutiert wurde.

Es erübrigt sich hier, die einzelnen umfangreichen Kernanteile noch einmal anzuschreiben; sie lassen sich direkt den oben genannten Formeln entnehmen. Die stetigen Kerne müßten dabei ohnehin in einer abgekürzten übersichtlichen Schreibung wie in Gl. (42) zusammengefaßt werden. Es ist lediglich noch zu beachten, daß die aus (12) entstehende Integralgleichung sich von Gl. (42) dadurch unterscheidet, daß in ihr zwei durch aufgerollte Querwirbel (nämlich Spitzen- und Nabenwirbel) bedingte charakteristische Terme auftreten. Dadurch ändert sich nichts an der Lösungsmethode; der Ansatz (43) ist lediglich zu erweitern in (mit $\varphi_\alpha = \varphi_0 - 1/2\,\alpha_0 - 1/2\,\alpha_i$)

$$\Gamma(s, \varphi_0) \equiv \Gamma(\tau, \varphi_0) = \Gamma_m\left(\varphi_\alpha - \frac{2\pi}{N} + \psi_0^{(0)}\right) f_0(\varphi_\alpha, \alpha_0)\,\gamma_0(\tau, \varphi_\alpha) + \Gamma_m\left(\varphi_\alpha - \frac{2\pi}{N} + \psi_0^{(i)}\right) f_i(\varphi_\alpha, \alpha_i)\,\gamma_i(\tau, \varphi_\alpha) + \\ + \Gamma_*(\tau, \varphi_0)\,, \tag{54}$$

mit γ_0 und γ_i als Lösungen der Integralgleichungen (vgl. (31), (34)):

$$\frac{r - r_0(\varphi_0, \alpha_0)}{b_*^2 + [r - r_0(\varphi_0, \alpha_0)]^2} = \frac{1}{2\pi}\int\limits_{R_i}^{R_0}\left[\frac{\partial\gamma_0(s, \varphi_0)}{\partial s} + \frac{1}{2s}\gamma_0(s, \varphi_0)\right]\frac{ds}{r - s}\,; \qquad \left(\alpha \approx \frac{1}{2}\alpha_0 + \frac{1}{2}\alpha_i\right) \tag{55}$$

$$-\frac{r - r_i(\varphi_0, \alpha_i)}{b_*^2 + [r - r_i(\varphi_0, \alpha_i)]^2} = \frac{1}{2\pi}\int\limits_{R_i}^{R_0}\left[\frac{\partial\gamma_i(s, \varphi_0)}{\partial s} + \frac{1}{2s}\gamma_i(s, \varphi_0)\right]\frac{ds}{r - s}\,. \tag{55i}$$

An die Stelle der Gl. (46) tritt jetzt mit $\psi_0^{(0)} \approx (2\pi)/N$ und $\psi_0^{(i)} \approx (2\pi)/N$:

$$\Gamma_m(\varphi_0) = \Gamma_*\left(\frac{\pi}{2}, \varphi_0\right)\left[1 - f_0(\varphi_0, \alpha_0)\,\gamma_0\left(\frac{\pi}{2}, \varphi_0\right) - f_i(\varphi_0, \alpha_i)\,\gamma_i\left(\frac{\pi}{2}, \varphi_0\right)\right]^{-1}. \tag{56}$$

Da $\gamma_0\,(\pi/2, \varphi_0) < 0$ und $\gamma_i\,(\pi/2, \varphi_0) < 0$ sind, bleibt der Nenner von (56) stets positiv.

Abgesehen von den eben erwähnten kleinen Ergänzungen erfolgt die Auflösung der Randbedingungsintegralgleichung (12) genau wie die von Gl. (42) bzw. Gl. (52); somit brauchen wir hier nicht näher darauf einzugehen.

6. Die Berechnung der Flügelkräfte

Die an den Rotorflügeln erzeugten momentanen Axialkräfte K_x und Umfangkräfte K_φ (pro Längeneinheit in radialer Richtung) werden wie üblich mit Hilfe des Kutta-Joukowskischen Satzes berechnet [1], [2]. Aus den beiden genannten Kraftkomponenten lassen sich auch die Kräfte in anderen Richtungen zusammensetzen.

Bekanntlich werden im Kutta-Joukowskischen Satz die vom Wirbelsystem an der tragenden Linie des Aufpunktflügels ($x = 0$, $y = r\cos\varphi_0$, $z = r\sin\varphi_0$) induzierten Geschwindigkeiten benötigt (Bild 3).

Wir haben in Ziff. 2 und 3 der vorliegenden Arbeit die vom Wirbelsystem des Rotors längs der 3/4-Linie $\big((x = 0,\ y = r\cos(\varphi_0 + \alpha),\ z = r\sin(\varphi_0 + \alpha)\big)$ des Aufpunktflügels induzierten Geschwindigkeiten untersucht. Es bleibt jetzt zu prüfen, inwieweit diese Darstellungen auch für die Berechnung der induzierten Geschwindigkeiten am Ort der tragenden Linie ($x = 0$, $y = r\cos\varphi_0$, $z = r\sin\varphi_0$) verwendet werden können und gegebenenfalls, welche Modifikationen erforderlich sind.

Eine nochmalige Durchsicht bzw. Durchdenkung der Ergebnisse aus Ziff. 2 und 3 zeigt:

Bei $\boldsymbol{v}_\Gamma$ nach Gl. (3) muß $\alpha = 0$ gesetzt und der Summand $n = 0$ weggelassen werden.

In $\sum\limits_{n=1}^{N-2} \boldsymbol{v}_Q^{(n)}$ und $\sum\limits_{n=1}^{N-2} \boldsymbol{v}_L^{(n)}$ gemäß Formel (5) und (9) ist lediglich $\alpha = 0$ zu setzen.

Bei $\boldsymbol{v}_Q^{(N-1)}$ und $\boldsymbol{v}_L^{(N-1)}$ ist in den Formeln (4), (10), (24) und (29) in den Integranden $\alpha = \alpha_0 = \alpha_i = \alpha_0' = \alpha_i' = 0$ zu setzen; letzteres gilt aber nicht bei den Integrationsgrenzen und $\varkappa$-Werten, die unverändert erhalten bleiben müssen. Außerdem ist Gl. (7) und (11), (21) bis (23) und (25) bis (28) grundsätzlich $\alpha = \alpha_0 = \alpha_i = \alpha_0' = \alpha_i' = 0$ anzunehmen.

Das eben Gesagte gilt auch für die jeweils zweiten Integrale von $\boldsymbol{v}_Q^{(0)}$ und $\boldsymbol{v}_L^{(0)}$ aus Formel (6) und (8). Lediglich die beiden ersten Integrale dieser induzierten Geschwindigkeiten, die bereits in Ziff. 3a unter der Abkürzung Teil $(u_Q^{(0)} + u_L^{(0)})$ längs der 3/4-Linie des Aufpunktflügels untersucht wurden, bedürfen nun für ihre Berechnung am Ort der tragenden Linie einer gegenüber Ziff. 3a modifizierten Darstellung. Dabei soll konsequenterweise auch jetzt von der vereinfachenden Näherung $k_* = 0$ Gebrauch gemacht werden. Die Notwendigkeit dieser veränderten Darstellung ist bekanntlich dadurch bedingt, daß diese induzierten Geschwindigkeitsanteile bei einem schematischen Einsetzen der Koordinaten $x = 0$, $y = r\cos\varphi_0$, $z = r\sin\varphi_0$ der tragenden Linie singulär würden [1], [2]. Die bei der Kraftberechnung nach dem Kutta-Joukowskischen Satz zu verwendenden Ausdrücke sind vielmehr zur Vermeidung einer Singularität durch einen Grenzübergang aus der Tragflächentheorie zu gewinnen. Dabei geht man nicht von dem Winkel φ_0 der tragenden Wirbellinie aus, sondern von

$$\varphi_0 + \lim_{\chi \to 0} \chi$$

mit χ als Winkelkoordinate in Flügeltiefenrichtung. $\chi_V(r)$ bezeichne die Vorderkante und $\chi_H(r)$ die Hinterkante (Bild 7).

Soweit sich dann für $\chi \to 0$ Integranden ergeben, die als Cauchysche Hauptwerte, ln-Singularitäten oder auch als stetige Funktionen integrabel sind, kann bei den betreffenden Anteilen unmittelbar $\chi = 0$ gesetzt werden. Die kritischen Terme, bei denen für $\chi \to 0$ divergente Integrale über s entstehen würden, lassen sich mit der Integralformel interpretieren [1], [2]:

$$\lim_{\chi \to 0} \int_{R_i}^{R_0} \frac{ds}{\sqrt{(r-s)^2 + r^2 \chi^2}} = \lim_{\chi \to 0} \ln \frac{4\,(R_0 - r)\,(r - R_i)}{r^2 \chi^2} = 2 \ln \frac{4 \sqrt{(R_0 - r)\,(r - R_i)}}{r\,[\chi_H(r) - \chi_V(r)]} + 2 \ln 2 + 1 \,. \tag{57}$$

Für die Begründung dieser Methode und die Herleitung von (57) muß auf die genannte Literatur verwiesen werden.

Mit der eben entwickelten Methode erhalten wir zunächst aus Gl. (6) und (8) für $x = 0$, $y = r \cos(\varphi_0 + \chi)$, $z = r \sin(\varphi_0 + \chi)$ und $\chi \to 0$:

$$\text{Teil}\,(u_Q^{(0)} + u_L^{(0)}) = \frac{1}{4\pi} \lim_{\chi \to 0} \int_{R_i}^{R_0} \int_0^{2\alpha} [r^2 + s^2 - 2\,r\,s \cos(\chi - \psi)]^{-3/2} \times$$
$$\times \left\{ \frac{\partial \Gamma(s, \varphi_0 + \psi)}{\partial s} (r\,s \cos(\chi - \psi) - s^2) + \frac{\partial \Gamma(s, \varphi_0 + \psi)}{\partial \varphi_0} r \sin(\chi - \psi) \right\} d\psi\, ds \,. \tag{58}$$

Eine einfache Untersuchung der Integrale in der Umgebung der Stelle $s = r$ und $\psi = 0$ zeigt, daß bei Teil $(u_Q^{(0)})$ direkt $\chi = 0$ gesetzt werden darf. Es ergibt sich die übersichtliche Darstellung

$$\text{Teil}\,(u_Q^{(0)}) = \frac{1}{4\pi} \int_{R_i}^{R_0} \int_0^{2\alpha} \Big\{ [r^2 + s^2 - 2\,r\,s \cos\psi]^{-3/2} \frac{\partial \Gamma(s, \varphi_0 + \psi)}{\partial s} (r\,s \cos\psi - s^2) -$$
$$- [(r-s)^2 + r\,s\,\psi^2]^{-3/2} \frac{\partial \Gamma(s, \varphi_0)}{\partial s} s \left(r - s - r \frac{\psi^2}{2} \right) \Big\} d\psi\, ds +$$
$$+ \frac{1}{4\pi} \int_{R_i}^{R_0} \frac{\partial \Gamma(s, \varphi_0)}{\partial s} \left[\frac{2\alpha\, s}{\sqrt{4\alpha^2 r s + (r-s)^2}} \frac{1}{r-s} + \frac{\alpha}{\sqrt{4\alpha^2 r s + (r-s)^2}} - \right.$$
$$\left. - \frac{1}{2\sqrt{r s}} \ln \frac{2\alpha \sqrt{r s} + \sqrt{4\alpha^2 r s + (r-s)^2}}{|r-s|} \right] ds \,. \tag{59}$$

Der Integrand des Doppelintegrals in Formel (59) ist für $s = r$ und $\psi = 0$ beschränkt; durch Reihenentwicklung nach ψ zeigt man, daß ihm der Wert

$$\lim_{\psi \to 0} \lim_{s \to r} \left(\frac{\psi\, s\,(r-s) - \frac{1}{2} \psi^3 r\, s}{\sqrt{(r-s)^2 + r\,s\,\psi^{2}}^{\,3}} \right) \frac{\partial^2 \Gamma(s, \varphi_0)}{\partial s\, \partial \varphi_0} = - \frac{1}{2\,r} \frac{\partial^2 \Gamma(r, \varphi_0)}{\partial r\, \partial \varphi_0}$$

zugeordnet werden darf. Der Integrand des zweiten einfachen Integrals über s in (59) enthält die bekannten leicht auswertbaren Singularitäten eines Cauchyschen Hauptwerts und eines Logarithmus. Für Teil $(u_L^{(0)})$ ergibt sich mit der Substitution $\psi - \chi = \eta$ im Grenzübergang $\chi \to 0$ die Darstellung:

$$\text{Teil}\,(u_L^{(0)}) = -\frac{1}{4\pi} \int_{R_i}^{R_0} \int_0^{2\alpha} \Big\{ [r^2 + s^2 - 2\,r\,s \cos\eta]^{-3/2} \frac{\partial \Gamma(s, \varphi_0 + \eta)}{\partial \varphi_0} r \sin\eta -$$
$$- [(r-s)^2 + r\,s\,\eta^2]^{-3/2}\, r\, \eta \left(\frac{\partial \Gamma(s, \varphi_0)}{\partial \varphi_0} + \eta \frac{\partial^2 \Gamma(s, \varphi_0)}{\partial \varphi_0^2} \right) \Big\} d\eta\, ds +$$
$$+ \frac{1}{4\pi} \int_{R_i}^{R_0} \frac{\partial \Gamma(s, \varphi_0)}{\partial \varphi_0} \frac{1}{s} \frac{ds}{\sqrt{4\alpha^2 r s + (r-s)^2}} + \frac{1}{4\pi} \int_{R_i}^{R_0} \frac{\partial^2 \Gamma(s, \varphi_0)}{\partial \varphi_0^2} \left[\frac{2\alpha}{s\sqrt{4\alpha^2 r s + (r-s)^2}} - \right.$$
$$\left. - \frac{1}{\sqrt{r s^3}} \ln \frac{2\alpha \sqrt{r s} + \sqrt{4\alpha^2 r s + (r-s)^2}}{|r-s|} \right] ds - \frac{1}{4\pi} \lim_{\chi \to 0} \int_{R_i}^{R_0} \frac{\partial \Gamma(s, \varphi_0)}{\partial \varphi_0} \frac{1}{r} \frac{ds}{\sqrt{\chi^2 r s + (r-s)^2}} \,. \tag{60}$$

Dieses letzte Integral in Formel (60) wird mit Hilfe der Gl. (57) interpretiert; man erhält dafür

$$\lim_{\chi\to 0}\int\limits_{R_i}^{R_0}\frac{\partial\Gamma(s,\varphi_0)}{\partial\varphi_0}\frac{1}{s}\frac{ds}{\sqrt{\chi^2 r s+(r-s)^2}}=\int\limits_{R_i}^{R_0}\left(\frac{\partial\Gamma(s,\varphi_0)}{\partial\varphi_0}\frac{1}{s}-\frac{\partial\Gamma(r,\varphi_0)}{\partial\varphi_0}\frac{1}{s}\right)\frac{ds}{|r-s|}+$$

$$+\frac{1}{r}\frac{\partial\Gamma(r,\varphi_0)}{\partial\varphi_0}\left[2\ln\frac{4\sqrt{(R_0-r)(r-R_i)}}{r[\chi_H(r)-\chi_V(r)]}+2\ln 2+1\right]. \tag{61}$$

Das Integral auf der rechten Seite von (61) hat bei $s = r$ einen unstetigen Integranden; ihm ist der arithmetische Mittelwert, nämlich Null, zuzuordnen.

Es bleibt nun noch der Grenzwert des Integranden bei dem Doppelintegral in Formel (60) für $s = r$ und $\eta = 0$ zu ermitteln. Durch eine Reihenentwicklung nach η ergibt sich dieser zu:

$$\lim_{\eta\to 0}\lim_{s\to r} r\left[-\frac{1}{6}\frac{\eta^3}{\sqrt{(r-s)^2+r s\eta^2}^3}+\frac{1}{8}\frac{r s\eta^5}{\sqrt{(r-s)^2+r s\eta^2}^5}\right]\frac{\partial\Gamma(s,\varphi_0)}{\partial\varphi_0}+$$

$$+\frac{1}{2}\lim_{\eta\to 0}\lim_{s\to r} r\frac{\eta^3}{\sqrt{(r-s)^2+r s\eta^2}^3}\frac{\partial^3\Gamma(s,\varphi_0)}{\partial\varphi_0^3}=-\frac{1}{24}\frac{1}{r^2}\frac{\partial\Gamma(r,\varphi_0)}{\partial\varphi_0}+\frac{1}{2r^2}\frac{\partial^3\Gamma(r,\varphi_0)}{\partial\varphi_0^3}.$$

Damit ist die Untersuchung der für die Kraftberechnung nach dem KUTTA-JOUKOWSKIschen Satz benötigten induzierten Geschwindigkeiten abgeschlossen.

7. Integralformeln

In den vorangehenden Abschnitten wurden mehrfach wichtige Integralformeln verwendet, die im folgenden zusammengestellt und bewiesen werden sollen.

a)

Wir betrachten das mit der Residuenmethode über den Einheitskreis $Z = e^{i\tau}$ der komplexen Z-Ebene auszuwertende Integral

$$I_n=\frac{1}{\pi}\int\limits_0^{\pi}\frac{\cos n\tau\, d\tau}{(\cos\tau-\cos\vartheta)[b^2+(\cos\tau-\Xi)^2]}=$$

$$=\frac{4}{\pi i}\oint\limits_{(EK)}\frac{Z^{n-1}\,dZ}{\left(Z+\frac{1}{Z}-2\cos\vartheta\right)\left(Z+\frac{1}{Z}-2\Xi-2ib\right)\left(Z+\frac{1}{Z}-2\Xi+2ib\right)}.$$

Die Nullstellen im Nenner des Integranden liegen bei $Z_1 = e^{i\vartheta}$, $Z_2 = \Xi + i b + \sqrt{\Xi^2 - 1 - b^2 + 2 i b \Xi}$, $Z_3 = \Xi + i b - \sqrt{\Xi^2 - 1 - b^2 + 2 i b \Xi}$, sowie bei den konjugiert komplexen Werten.

Es gilt

$$Z_1\bar{Z}_1 = 1\,;\quad Z_2 Z_3 = 1\,;\quad Z_1 + \bar{Z}_1 = 2\cos\vartheta\,;$$

$$Z_2+\frac{1}{Z_2}=Z_3+\frac{1}{Z_3}=2\Xi+2ib\,.$$

Für die Anwendung in der Rotorströmung ist $b^2 \ll 1$ anzusehen. Bei der Auswertung des Integrals I_n und der Diskussion der Nullstellen Z_2, Z_3 soll für die Festlegung der Hauptwerte der Wurzeln die komplexe Z-Ebene längs der positiven reellen Achse aufgeschnitten werden[6]) Durch eine elementare Reihenentwicklung unter Berücksichtigung der verschiedenen Möglichkeiten $|\Xi^2 - 1| \ll b^2$ mit $\Xi = \pm 1$, oder $|\Xi^2 - 1| \gg b^2$ mit $\Xi > 1$, $\Xi < 1$, $\Xi < -1$, $\Xi > -1$ oder $\Xi^2 - 1 = b^2$ mit $\Xi \approx \pm(1 + b^2/2)$ läßt sich zeigen, daß stets $|Z_2| > 1$ also $|Z_3| < 1$ bleibt. Mit Hilfe der Residuenmethode erhalten wir dann

$$I_n=\frac{1}{b^2+(\cos\vartheta-\Xi)^2}\left[\frac{\sin n\vartheta}{\sin\vartheta}+\frac{i}{2b}\frac{\Xi-\cos\vartheta-ib}{\sqrt{(\Xi+ib)^2-1}}[\Xi+ib-\sqrt{(\Xi+ib)^2-1}]^n-\right.$$

$$\left.-\frac{i}{2b}\frac{\Xi-\cos\vartheta+ib}{\sqrt{(\Xi-ib)^2-1}}[\Xi-ib-\sqrt{(\Xi-ib)^2-1}]^n\right]. \tag{62}$$

Insbesondere ergibt sich aus Formel (62):

$$I_0=\frac{1}{b}\frac{(\Xi-\cos\vartheta)\sin\frac{\Phi}{2}+b\cos\frac{\Phi}{2}}{[b^2+(\cos\vartheta-\Xi)^2]\sqrt[4]{Q_1}}\,;$$

$$I_2=-\frac{2}{b}\frac{\sqrt[4]{Q_1}}{b^2+(\cos\vartheta-\Xi)^2}\left[(\Xi-\cos\vartheta)\sin\frac{\Phi}{2}-b\cos\frac{\Phi}{2}\right]+\frac{1}{b}\frac{(\Xi-\cos\vartheta)\sin\frac{\Phi}{2}+b\cos\frac{\Phi}{2}}{[b^2+(\cos\vartheta-\Xi)^2]\sqrt[4]{Q_1}}\,; \tag{63}$$

mit der Festsetzung: $\Xi^2 - 1 - b^2 + 2 i b \Xi \equiv \sqrt{Q_1}\, e^{i\Phi}$ und der Abkürzung $Q_1 = (\Xi^2 - 1 - b^2)^2 + 4\,\Xi^2 b^2$.

---

[6]) Man kann auch die Z-Ebene entlang der negativen reellen Achse aufschneiden und kommt unter Beachtung der dann geltenden Relationen natürlich zum gleichen Endergebnis für I_n.

Die Kombination $\dfrac{\sqrt[4]{Q_1}}{\sin\dfrac{\Phi}{2}} I_0 + \dfrac{1}{2}\dfrac{I_0 - I_2}{\sqrt[4]{Q_1}\,\sin\dfrac{\Phi}{2}}$ liefert dann das gesuchte für die Rotorströmung benötigte Integral:

$$\frac{b}{\sqrt{2}}\frac{1}{\pi}[1 - \Xi^2 + b^2 + \sqrt{Q_1}]^{-1/2}\int_0^\pi \frac{\sqrt{Q_1} + \sin^2\tau}{(\cos\tau - \cos\vartheta)\,[b^2 + (\cos\tau - \Xi)^2]}\,d\tau = \frac{\Xi - \cos\vartheta}{b^2 + (\cos\vartheta - \Xi)^2}; \tag{64}$$

da

$$\sin\frac{\Phi}{2} = \frac{\sqrt{1 - \Xi^2 + b^2 + \sqrt{Q_1}}}{\sqrt{2}\,\sqrt[4]{Q_1}}, \qquad \left(0 < \frac{\Phi}{2} < \pi\right)$$

ist.

In analoger Weise mit Hilfe der Residuenmethode beweist man die beiden Integralformeln

$$\frac{1}{\pi}\int_0^\pi \frac{2b + \sin^2\tau}{b^2 + (\cos\tau - 1)^2}\,d\tau = -1 + 2\,\frac{\left(1 + \dfrac{b}{2}\right)\cos\dfrac{\Phi_*}{2} + \sin\dfrac{\Phi_*}{2}}{\sqrt[4]{4b^2 + b^4}} \approx -1 + \frac{2}{\sqrt{b}} + \frac{1}{2}\sqrt{b} + O(b);$$

$$\frac{1}{\pi}\int_0^\pi \cos\tau\,\frac{2b^2 + \sin^2\tau}{b^2 + (\cos\tau - 1)^2}\,d\tau = 2 - \frac{(2 + 3b)\cos\dfrac{\Phi_*}{2} + (2 - 2b - b^2)\sin\dfrac{\Phi_*}{2}}{\sqrt[4]{4b^2 + b^4}} \approx \tag{65}$$

$$\approx 2 - \frac{2}{\sqrt{b}} - \frac{1}{2}\sqrt{b} + O(b).$$

Dabei ist $2ib + b^2 = \sqrt{4b^2 + b^4}\,e^{i\Phi_*}$; $\tan\Phi_* = 2/b$.

Schließlich erhält man mit der Residuenmethode durch Integration über den Einheitskreis der komplexen Z-Ebene:

$$\frac{1}{\pi}\int_0^\pi \frac{\cos\nu\tau\,d\tau}{\cos\tau - \cos\vartheta} = \frac{\sin\nu\vartheta}{\sin\vartheta}; \qquad (0 \leqq \vartheta \leqq \pi) \tag{66}$$

$$\frac{1}{\pi}\int_0^\pi \frac{\cos\nu\tau\,d\tau}{\cos\tau - \cosh\vartheta^*} = -\frac{e^{-\nu\vartheta^*}}{\sinh\vartheta^*}; \qquad (\vartheta^* > 0) \tag{67}$$

$$\frac{1}{\pi}\int_0^\pi \frac{\cos\nu\tau\,d\tau}{\cos\tau + \cosh\vartheta^*} = (-1)^\nu\frac{e^{-\nu\vartheta^*}}{\sinh\vartheta^*}; \qquad (\vartheta^* > 0). \tag{68}$$

b)

Aus Integraltafeln sind die drei Integrale[7])

$$\int [Q_2]^{-3/2}\chi^m\,d\chi \qquad (m = 0, 1, 2)$$

mit der Abkürzung $Q_2 = A\chi^2 + 2B\chi + C$ bekannt.

Durch Differentiation nach A, B oder C erhält man die weiteren Integrale:

$$\int\frac{d\chi}{\sqrt{Q_2}^5} = \frac{1}{3}\frac{A\chi + B}{AC - B^2}\frac{1}{\sqrt{Q_2}^3} + \frac{2}{3}\frac{A\chi + B}{(AC - B^2)^2}\frac{A}{\sqrt{Q_2}}; \tag{69}$$

$$\int\frac{\chi\,d\chi}{\sqrt{Q_2}^5} = -\frac{1}{3}\frac{B\chi + C}{AC - B^2}\frac{1}{\sqrt{Q_2}^3} - \frac{2}{3}\frac{A\chi + B}{(AC - B^2)^2}\frac{B}{\sqrt{Q_2}}; \tag{70}$$

$$\int\frac{\chi^2\,d\chi}{\sqrt{Q_2}^5} = \frac{1}{3}\frac{A\chi + B}{AC - B^2}\frac{\chi^2}{\sqrt{Q_2}^3} + \frac{2}{3}\frac{B\chi + C}{(AC - B^2)^2}\frac{B}{\sqrt{Q_2}}; \tag{71}$$

$$\int\frac{\chi^3\,d\chi}{\sqrt{Q_2}^5} = -\frac{1}{3}\frac{B\chi + C}{AC - B^2}\frac{\chi^2}{\sqrt{Q_2}^3} - \frac{2}{3}\frac{B\chi + C}{(AC - B^2)^2}\frac{C}{\sqrt{Q_2}}; \tag{72}$$

$$\int\frac{\chi^4\,d\chi}{\sqrt{Q_2}^5} = \frac{1}{\sqrt{A}^5}\ln|A\chi + B + \sqrt{A}\sqrt{Q_2}| + \frac{2}{3}\frac{C\chi}{A(AC - B^2)}\frac{1}{\sqrt{Q_2}} + \frac{2}{3}\frac{(2AC - B^2)(2B^2\chi - AC\chi + BC)}{A^2(AC - B^2)^2\sqrt{Q_2}} +$$

$$+ \frac{1}{3}\frac{\chi^2}{A(AC - B^2)}\frac{(2B^2 - AC)\chi + BC}{\sqrt{Q_2}^3} - \frac{2}{3}\frac{1}{A^2\sqrt{Q_2}}\frac{\sqrt{A}\sqrt{Q_2}\,\chi + A\chi^2 + B\chi + \frac{1}{2}C}{A\chi + B + \sqrt{A}\sqrt{Q_2}}. \tag{73}$$

---

[7]) Vgl. z. B. Fußnote [9]) S. 29 in [1].

Ersetzt man in den obigen Integralformeln B durch $B\,\sigma$ und C durch $C\,\sigma^2$, so ergeben sich mit der Abkürzung $Q_3 = A\,\chi^2 + 2\,B\,\chi\,\sigma + C\,\sigma^2$ die folgenden wichtigen Relationen:

$$\lim_{\sigma\to 0}\left[\int_{-\alpha}^{\alpha}\frac{\sigma\,d\chi}{\sqrt{Q_3}^3} - \frac{2\sqrt{A}}{\sigma\,(A\,C-B^2)}\right] = 0\,; \tag{74}$$

$$\lim_{\sigma\to 0}\left[\int_{-\alpha}^{\alpha}\frac{\chi\,d\chi}{\sqrt{Q_3}^3} + \frac{2\,B}{\sigma\,(A\,C-B^2)\sqrt{A}}\right] = 0\,; \tag{75}$$

$$\lim_{\sigma\to 0}\left[\int_{-\alpha}^{\alpha}\frac{\chi^2\,d\chi}{\sqrt{Q_3}^3} + \frac{1}{\sqrt{A}^3}\ln\frac{\sigma^2(A\,C-B^2)}{4\,A^2\,\alpha^2}\right] = \frac{2\,(2\,B^2 - A\,C)}{\sqrt{A}^3\,(A\,C-B^2)}\,; \tag{76}$$

$$\lim_{\sigma\to 0}\left[\int_{-\alpha}^{\alpha}\frac{\sigma^4\,d\chi}{\sqrt{Q_3}^5}\right] = \frac{4}{3}\,\frac{\sqrt{A}^3}{(A\,C-B^2)^2}\,; \tag{77}$$

$$\lim_{\sigma\to 0}\left[\int_{-\alpha}^{\alpha}\frac{\chi\,\sigma^3\,d\chi}{\sqrt{Q_3}^5}\right] = -\frac{4}{3}\,\frac{B\sqrt{A}}{(A\,C-B^2)^2}\,; \tag{78}$$

$$\lim_{\sigma\to 0}\left[\int_{-\alpha}^{\alpha}\frac{\chi^2\,\sigma^2\,d\chi}{\sqrt{Q_3}^5}\right] = \frac{4}{3}\,\frac{B^2}{(A\,C-B^2)^2\sqrt{A}} + \frac{2}{3}\,\frac{1}{(A\,C-B^2)\sqrt{A}}\,; \tag{79}$$

$$\lim_{\sigma\to 0}\left[\int_{-\alpha}^{\alpha}\frac{\sigma\,\chi^3\,d\chi}{\sqrt{Q_3}^5}\right] = -\frac{4}{3}\,\frac{B\,C}{(A\,C-B^2)^2\sqrt{A}} - \frac{2}{3}\,\frac{B}{(A\,C-B^2)\sqrt{A}^3}\,; \tag{80}$$

$$\lim_{\sigma\to 0}\left[\int_{-\alpha}^{\alpha}\frac{\chi^4\,d\chi}{\sqrt{Q_3}^5} + \frac{1}{\sqrt{A}^5}\ln\frac{\sigma^2\,(A\,C-B^2)}{4\,A^2\,\alpha^2}\right] = \frac{4}{3}\,\frac{2\,B^2}{(A\,C-B^2)\sqrt{A}^5} + \frac{4}{3}\,\frac{(2\,A\,C-B^2)\,(2\,B^2-A\,C)}{(A\,C-B^2)^2\sqrt{A}^5}\,. \tag{81}$$

Für eine stetig differenzierbare Funktion $\Gamma(s)$ gelten unter der Voraussetzung $\Gamma(R_i) = \Gamma(R_0) = 0$ die Integralformeln:

$$\frac{1}{2}\int_{R_i}^{R_0}\frac{d\Gamma(s)}{ds}\ln\frac{(s-r)^2}{R_0^2}\,ds = -\int_{R_i}^{R_0}\frac{\Gamma(s)}{s-r}\,ds\,; \tag{82}$$

$$\int_{R_i}^{R_0}\Gamma(s)\ln\frac{(s-r)^2}{R_0^2}\,ds = -\int_{R_i}^{R_0}\frac{d\Gamma(s)}{ds}\left[\ln\frac{(s-r)^2}{R_0^2} - 2\right](s-r)\,ds\,. \tag{83}$$

Anhang

8. Das akustische Druckfeld eines Rotors

In vielen Fällen ist das von einem Rotor abgestrahlte akustische Druckfeld von Interesse; unter anderem entsteht ein erhebliches Geräusch, wenn ein Rotorblatt einen freien Spitzen- oder Nabenwirbel durchschlägt, ein Vorgang, den wir in dieser Arbeit behandelt haben. Auch dann, wenn die Strömungsgeschwindigkeiten am Rotorflügel noch so weit unter der Schallgeschwindigkeit liegen, daß für die Randbedingung inkompressibel gerechnet werden darf[8]), (wie dieses in Ziff. 2 bis 6 der vorliegenden Untersuchung geschehen ist), muß bei der Berechnung des abgestrahlten akustischen Fernfeldes die Kompressibilität der Luft berücksichtigt werden, [1].

Bei der Entwicklung der entsprechenden Formeln legen wir die üblichen Linearisierungs-Voraussetzungen der Strömungsakustik zugrunde. Dieses sind eine lineare Druck-Dichte-Beziehung und die Vernachlässigung der Quadrate bzw. Produkte aller vom Singularitätensystem des Rotors induzierten Geschwindigkeiten, [1].

Zwischen dem Geschwindigkeitspotential dieses Singularitätensystems (Dipole, Quellen) und dem Druckfeld besteht dann die lineare Relation

$$\frac{1}{\varrho_0}p - \frac{1}{\varrho_0}p_0 = -\frac{\partial\Phi}{\partial t} - u_0\frac{\partial\Phi}{\partial x} - w_0\frac{\partial\Phi}{\partial z} = \omega\frac{\partial\Phi}{\partial\varphi_0} - u_0\frac{\partial\Phi}{\partial x} - w_0\frac{\partial\Phi}{\partial z} \tag{84}$$

mit $\omega\,dt = -\,d\varphi_0$, und das Geschwindigkeitspotential Φ genügt einer verallgemeinerten Wellengleichung

$$\left(1-\frac{u_0^2}{c_0^2}\right)\frac{\partial^2\Phi}{\partial x^2} + \frac{\partial^2\Phi}{\partial y^2} + \left(1-\frac{w_0^2}{c_0^2}\right)\frac{\partial^2\Phi}{\partial z^2} - 2\frac{u_0\,w_0}{c_0^2}\frac{\partial^2\Phi}{\partial x\,\partial z} - \frac{2\,u_0}{c_0^2}\frac{\partial^2\Phi}{\partial x\,\partial t} - \frac{2\,w_0}{c_0^2}\frac{\partial^2\Phi}{\partial z\,\partial t} - \frac{1}{c_0^2}\frac{\partial^2\Phi}{\partial t^2} = f(x, y, z, t)\,, \tag{85}$$

[8]) Wie man durch Reihenentwicklung nach der reziproken Schallgeschwindigkeit $1/c_0$ nachweisen kann, unterscheiden sich die Formeln der kompressiblen von denjenigen der inkompressiblen Theorie erst durch Terme $\sim 1/c_0^2$. Dadurch erhöht sich für das Nahfeld der Gültigkeitsbereich der inkompressiblen Theorie (vgl. [1], S. 117, 119).

wobei $f(x, y, z, t) = \sum_{(n)} Q(\mathbf{r}_n, t)\,\delta(\mathbf{r} - \mathbf{r}_n)$ nur am Ort von Quellensingularitäten von Null verschieden ist. In Gl. (85) ist c_0 die im ganzen Strömungsbereich als konstant angenommene Schallgeschwindigkeit, und u_0, w_0 sind die Anströmgeschwindigkeiten relativ zum Hubschrauber in x- und z-Richtung (Bild 1). Auch das Druckfeld p genügt gemäß (84) einer Wellengleichung vom Typ (85); allerdings mit der inhomogenen rechten Seite

$$-\left(\frac{\partial}{\partial t} + u_0 \frac{\partial}{\partial x} + w_0 \frac{\partial}{\partial z}\right) \varrho_0 \sum_{(n)} Q(\mathbf{r}_n, t)\,\delta(\mathbf{r} - \mathbf{r}_n)\,.$$

Gleichung (85) unterscheidet sich von den in der normalen Propellertheorie auftretenden Wellengleichungen dadurch, daß zwei Hauptanströmgeschwindigkeiten in x- und z-Richtung auftreten. Wir transformieren daher (85) auf ein neues Koordinatensystem X, y, Z, d. h. setzen

$$\begin{aligned} x &= X\cos\lambda - Z\sin\lambda; \qquad & z &= X\sin\lambda + Z\cos\lambda \\ u_0 &= U\cos\lambda; & w_0 &= U\sin\lambda\,. \end{aligned} \tag{86}$$

Mit dem transformierten Potential

$$\Phi_1(X, y, Z, t) = \Phi_1(x\cos\lambda + z\sin\lambda,\, y,\, -x\sin\lambda + z\cos\lambda,\, t) \equiv \Phi(x, y, z, t) \tag{87}$$

nimmt Gl. (85) dann die einfachere Form

$$\begin{aligned} &\left(1 - \frac{U^2}{c_0^2}\right)\frac{\partial^2\Phi_1}{\partial X^2} + \frac{\partial^2\Phi_1}{\partial y^2} + \frac{\partial^2\Phi_1}{\partial Z^2} - \frac{2\,U}{c_0^2}\frac{\partial^2\Phi_1}{\partial X\,\partial t} - \frac{1}{c_0^2}\frac{\partial^2\Phi_1}{\partial t^2} = \\ &\qquad = f(X\cos\lambda - Z\sin\lambda,\, y,\, X\sin\lambda + Z\cos\lambda,\, t) \equiv F(X, y, Z, t)\,, \end{aligned} \tag{88}$$

an. Die Lösung von (88) ist bekannt und lautet [1]

$$\Phi_1(X, y, Z, t) = -\frac{1}{4\pi}\iiint_{(\mathfrak{B})} \frac{1}{D} F\left(X', y', Z', t + \frac{U}{\beta^2 c_0^2}(X - X') - \frac{D}{\beta^2 c_0}\right) dX'\,dy'\,dZ'$$

mit $$D = [(X - X')^2 + \beta^2 (y - y')^2 + (Z - Z')^2 \beta^2]^{1/2}; \tag{89}$$

$$\beta^2 = 1 - U^2/c_0^2 = 1 - (u_0^2 + w_0^2)/c_0^2\,.$$

In Gl. (89) ist die Integration über den Bereich $(\mathfrak{B})$ zu erstrecken, in dem F von Null verschieden ist. Aus (89) folgt weiter

$$\Phi(x, y, z, t) = -\frac{1}{4\pi}\iiint_{(\mathfrak{B})} \frac{1}{D} f\left(x', y', z', t + \frac{u_0}{\beta^2 c_0^2}(x - x') + \frac{w_0}{\beta^2 c_0^2}(z - z') - \frac{D}{\beta^2 c_0}\right) dx'\,dy'\,dz'$$

mit $$D = \left[(x - x')^2\left(1 - \frac{w_0^2}{c_0^2}\right) + (z - z')^2\left(1 - \frac{u_0^2}{c_0^2}\right) + \beta^2 (y - y')^2 + 2\,(x - x')\,(z - z')\frac{u_0 w_0}{c_0^2}\right]^{1/2} \tag{90}$$

oder in Zylinderkoordinaten mit $\omega\,dt = -\,d\varphi_0$:

$$\begin{aligned} \Phi(x, r, \varphi, \varphi_0) = -\frac{1}{4\pi}\iiint_{(\mathfrak{B})} \frac{1}{D} f\Big(&x', r', \varphi', \varphi_0 - \frac{\omega\,u_0}{\beta^2 c_0^2}(x - x') - \\ &- \frac{\omega\,w_0}{\beta^2 c_0^2}(r\sin\varphi - r'\sin\varphi') + \frac{\omega\,D}{\beta^2 c_0}\Big)\, r'\,dr'\,d\varphi'\,dx' \end{aligned}$$

mit $$\begin{aligned} D = \Big[&(x - x')^2\left(1 - \frac{w_0^2}{c_0^2}\right) + \left(1 - \frac{u_0^2}{c_0^2}\right)(r^2 + r'^2 - 2\,r\,r'\cos(\varphi - \varphi')) - \\ &- \frac{w_0^2}{c_0^2}(r\cos\varphi - r'\cos\varphi')^2 + 2\frac{u_0 w_0}{c_0^2}(x - x')\,(r\sin\varphi - r'\sin\varphi')\Big]^{1/2}. \end{aligned} \tag{91}$$

Aus Gl. (91) läßt sich die für die Behandlung der Rotorströmung benötigte Grundlösung Φ_0 gewinnen, nämlich diejenige für ein mit der Winkelgeschwindigkeit ω rotierendes und momentan an der Stelle $x = k_1\chi$, $r = s$, $\varphi = \varphi_0 + \chi$ befindliches Quellelement der Stärke $q(s, \chi, \varphi_0)$. In diesem Sonderfall ist

$$f(x', r', \varphi', \varphi_0) = q(s, \chi, \varphi_0)\,\delta(x - k_1\chi)\,\frac{1}{r'}\,\delta(r' - s)\,\delta(\varphi' - \varphi_0 - \chi)$$

und durch eine elementare Zwischenrechnung (vgl. [1], Seite 110) erhält man aus Gl. (91):

$$\Phi_0(x, r, \varphi, \varphi_0) = -\frac{1}{4\pi} q\left(s, \chi, \varphi_0 - \frac{\omega u_0}{\beta^2 c_0^2}(x - k_1 \chi) - \frac{\omega w_0}{\beta^2 c_0^2}(r \sin\varphi - s \sin\sigma_0) + \frac{\omega D_0}{\beta^2 c_0}\right) \times$$

$$\times \left[D_0\left(1 - \frac{w_0 \omega s}{\beta^2 c_0^2}\cos\sigma_0\right) + \frac{\omega r s}{\beta^2 c_0}\left(1 - \frac{u_0^2}{c_0^2}\right)\sin(\varphi - \sigma_0) + \right.$$

$$\left. + \frac{\omega s}{\beta^2 c_0}\frac{w_0^2}{c_0^2}\sin\sigma_0 (r\cos\varphi - s\cos\sigma_0) + \frac{\omega s}{\beta^2 c_0}\frac{u_0 w_0}{c_0^2}(x - k_1\chi)\cos\sigma_0\right]^{-1};$$

mit
$$\sigma_0 = \varphi_0 + \chi - \frac{\omega u_0}{\beta^2 c_0^2}(x - k_1\chi) - \frac{\omega w_0}{\beta^2 c_0^2}(r\sin\varphi - s\sin\sigma_0) + \frac{\omega D_0}{\beta^2 c_0}; \tag{92}$$

$$D_0 = \left[(x - k_1\chi)^2\left(1 - \frac{w_0^2}{c_0^2}\right) + \left(1 - \frac{u_0^2}{c_0^2}\right)(r^2 + s^2 - 2 r s \cos(\varphi - \sigma_0)) - \right.$$

$$\left. - \frac{w_0^2}{c_0^2}(r\cos\varphi - s\cos\sigma_0)^2 + 2\frac{u_0 w_0}{c_0^2}(x - k_1\chi)(r\sin\varphi - s\sin\sigma_0)\right]^{1/2}.$$

Wie in der normalen Propellerakustik kann das durch den Drucksprung bzw. die Auftriebsverteilung an den rotierenden Flügeln abgestrahlte Druckfeld p durch eine diesem Drucksprung entsprechende Dipolbelegung auf den Blättern erhalten werden. Denn gemäß Gl. (84) und (85) genügt auch p einer Wellengleichung vom Typ (85). Dieses Modell entspricht der linearisierten Tragflächentheorie.

In der hier vorliegenden Untersuchung haben wir uns auf die Traglinientheorie beschränkt (Ziff. 2 bis 6). Dann ist die an der tragenden Linie (pro Längeneinheit in radialer Richtung) angreifende Luftkraft darzustellen durch eine radiale Dipolverteilung, deren Dipolachsenrichtungen senkrecht auf der relativen Anströmgeschwindigkeit am Ort der tragenden Linie stehen. Der Einheitsvektor in dieser Dipolachsenrichtung ist offenbar

$$\boldsymbol{e}_n = \frac{\left(s + \frac{w_0}{\omega}\cos\varphi_0\right)\boldsymbol{e}_x - \frac{u_0}{\omega}\boldsymbol{e}_\varphi}{\sqrt{\left(s + \frac{w_0}{\omega}\cos\varphi_0\right)^2 + \left(\frac{u_0}{\omega}\right)^2}}.$$

Damit erhalten wir aus der Grundlösung (92) durch Dipolbildung mit $\Pi(s, \varphi_0)$ als Dipolmoment das von der Auftriebsverteilung (bzw. dem Drucksprung) an allen N Rotorflügeln abgestrahlte Druckfeld p in der Form[9])

$$p(x, r, \varphi, \varphi_0) = p(x, y, z, \varphi_0) = p_0 - \frac{1}{4\pi}\sum_{n=0}^{N-1}\int_{R_i}^{R_a}\left[\left(s + \frac{w_0}{\omega}\cos\varphi_n\right)^2 + \frac{u_0^2}{\omega^2}\right]^{-1/2} \times$$

$$\times \left[\left(s + \frac{w_0}{\omega}\cos\varphi_n\right)\frac{\partial}{\partial x} - \frac{u_0}{\omega s}\frac{\partial}{\partial\varphi}\right]\Pi(s, \sigma_n)\left[D_n\left(1 - \frac{w_0 \omega s}{\beta^2 c_0^2}\cos\sigma_n\right) + \right.$$

$$\left. + \frac{\omega r s}{\beta^2 c_0}\left(1 - \frac{u_0^2}{c_0^2}\right)\sin(\varphi - \sigma_n) + \frac{\omega s}{\beta^2 c_0}\frac{w_0^2}{c_0^2}\sin\sigma_n (r\cos\varphi - s\cos\sigma_n) + \frac{\omega s}{\beta^2 c_0}\frac{u_0 w_0}{c_0^2} x\cos\sigma_n\right]^{-1} ds; \tag{93}$$

mit
$$\sigma_n = \varphi_n - \frac{\omega u_0}{\beta^2 c_0^2} x - \frac{\omega w_0}{\beta^2 c_0^2}(r\sin\varphi - s\sin\sigma_n) + \frac{\omega D_n}{\beta^2 c_0};$$

$$D_n = \left[x^2\left(1 - \frac{w_0^2}{c_0^2}\right) + \left(1 - \frac{u_0^2}{c_0^2}\right)(r^2 + s^2 - 2 r s\cos(\varphi - \sigma_n)) - \right.$$

$$\left. - \frac{w_0^2}{c_0^2}(r\cos\varphi - s\cos\sigma_n)^2 + 2\frac{u_0 w_0}{c_0^2} x (r\sin\varphi - s\sin\sigma_n)\right]^{1/2};$$

$$\beta^2 = 1 - \frac{u_0^2}{c_0^2} - \frac{w_0^2}{c_0^2}.$$

[9]) Bei der Traglinientheorie ist in Gl. (92) $\chi = 0$ zu setzen.

Für die Bildung der Ableitungen nach x und φ ergeben sich durch Differentiation von D_n und σ_n nach x, φ und Elimination die Relationen:

$$\frac{\partial D_n}{\partial x} = \left[x\left(1 - \frac{w_0^2}{c_0^2} - \frac{w_0\,\omega\,s}{c_0^2}\cos\sigma_n\right) + \frac{r\,s\,\omega\,u_0}{c_0^2}\sin(\varphi - \sigma_n) + \frac{u_0 w_0}{c_0^2}(r\sin\varphi - s\sin\sigma_n)\right]\frac{1}{Ne}\,;$$

$$\frac{\partial \sigma_n}{\partial x} = \frac{\omega}{\beta^2 c_0}\left[x\left(1 - \frac{w_0^2}{c_0^2}\right) + \frac{u_0 w_0}{c_0^2}(r\sin\varphi - s\sin\sigma_n) - \frac{u_0}{c_0}D_n\right]\frac{1}{Ne}\,. \tag{94}$$

$$\frac{\partial D_n}{\partial \varphi} = \left[x\,\frac{u_0 w_0}{c_0^2}\,r\cos\varphi + \frac{w_0^2}{c_0^2}(r\cos\varphi - s\cos\sigma_n)\,r\sin\varphi + \right.$$

$$\left. + r\,s\left(1 - \frac{u_0^2}{c_0^2}\right)\sin(\varphi - \sigma_n) + \frac{r\,s\,\omega\,w_0}{c_0^2}\sin(\varphi - \sigma_n)\,(r\cos\varphi - s\cos\sigma_n)\right]\frac{1}{Ne}\,;$$

$$\frac{\partial \sigma_n}{\partial \varphi} = \frac{\omega}{\beta^2 c_0}\left[x\,\frac{u_0 w_0}{c_0^2}\,r\cos\varphi + \frac{w_0^2}{c_0^2}(r\cos\varphi - s\cos\sigma_n)\,r\sin\varphi + \right.$$

$$\left. + r\,s\left(1 - \frac{u_0^2}{c_0^2}\right)\sin(\varphi - \sigma_n) - \frac{w_0}{c_0}D_n \cdot r\cos\varphi\right]\frac{1}{Ne}\,; \tag{95}$$

$$Ne = D_n\left(1 - \frac{w_0\,\omega\,s}{\beta^2 c_0^2}\cos\sigma_n\right) + \frac{\omega\,r\,s}{\beta^2 c_0}\left(1 - \frac{u_0^2}{c_0^2}\right)\sin(\varphi - \sigma_n) +$$

$$+ \frac{\omega\,s}{\beta^2 c_0}\,\frac{w_0^2}{c_0^2}\sin\sigma_n\,(r\cos\varphi - s\cos\sigma_n) + \frac{\omega\,s}{\beta^2 c_0}\,\frac{u_0 w_0}{c_0^2}\,x\cos\sigma_n\,. \tag{96}$$

Bei der Auswertung der Integranden von Formel (93) für Aufpunkte des Fernfeldes (in denen das abgestrahlte akustische Druckfeld von Interesse ist) treten keine Schwierigkeiten auf, da sämtliche Integranden stetig sind.

Um aus Gl. (93) das Geschwindigkeitspotential zu gewinnen, haben wir die Relation (84) zu integrieren. Zunächst geht Gl. (84) mit der Transformation (86) über in

$$\frac{1}{\varrho_0}\left[p\,(X\cos\lambda - Z\sin\lambda,\, y,\, X\sin\lambda + Z\cos\lambda,\, \varphi_0) - p_0\right] = \omega\,\frac{\partial \Phi_1}{\partial \varphi_0} - U\,\frac{\partial \Phi_1}{\partial X}\,,$$

mit der bekannten Lösung

$$\Phi_1(X, y, Z, \varphi_0) = \Phi(x, y, z, \varphi_0) = -\frac{1}{U\varrho_0}\int_{-\infty}^{X}\left[p\left(X'\cos\lambda - Z\sin\lambda,\, y,\, X'\sin\lambda + \right.\right.$$

$$\left.\left. + Z\cos\lambda,\, \varphi_0 + \frac{\omega}{U}(X - X')\right) - p_0\right]dX'$$

$$= -\frac{1}{U\varrho_0}\int_{-\infty}^{x\cos\lambda + z\sin\lambda}\left[p\left(X'\cos\lambda + x\sin^2\lambda - z\sin\lambda\cos\lambda,\, y,\, X'\sin\lambda - \right.\right.$$

$$\left.\left. - x\sin\lambda\cos\lambda + z\cos^2\lambda,\, \varphi_0 + \frac{\omega}{U}(x\cos\lambda + z\sin\lambda - X')\right) - p_0\right]dX'\,.$$

Setzen wir

$$x\cos\lambda + z\sin\lambda - X' = \frac{U}{\omega}\psi\,,$$

so folgt das übersichtliche Resultat

$$\Phi(x, y, z, \varphi_0) = -\frac{1}{\omega\varrho_0}\int_0^{\infty}\left[p\left(x - \frac{u_0}{\omega}\psi,\, y,\, z - \frac{w_0}{\omega}\psi,\, \varphi_0 + \psi\right) - p_0\right]d\psi \tag{97}$$

für den Zusammenhang zwischen dem Druckfeld und dem Geschwindigkeitspotential.

Betrachten wir nun noch einmal den Fall der inkompressiblen Strömung, so folgt mit $c_0 \to \infty$ aus (93) und (97):

$$\Phi = -\frac{1}{4\pi}\frac{1}{\omega\varrho}\sum_{n=0}^{N-1}\int_{R_i}^{R_0}\int_0^{\infty}\frac{\Pi(s,\varphi_n+\psi)}{\sqrt{\left(s+\frac{w_0}{\omega}\cos(\varphi_n+\psi)\right)^2+\left(\frac{u_0}{\omega}\right)^2}}\times$$

$$\times\left[\left(x-\frac{u_0}{\omega}\psi\right)^2+(y-s\cos(\varphi_n+\psi))^2+\left(z-s\sin(\varphi_n+\psi)-\frac{w_0}{\omega}\psi\right)^2\right]^{-3/2}\times$$

$$\times\left[\left(s+\frac{w_0}{\omega}\cos(\varphi_n+\psi)\right)\left(x-\frac{u_0}{\omega}\psi\right)+\frac{u_0}{\omega}y\sin(\varphi_n+\psi)-\frac{u_0}{\omega}\left(z-\frac{w_0}{\omega}\psi\right)\cos(\varphi_n+\psi)\right]d\psi\,ds\,. \tag{98}$$

Formel (98) entspricht genau dem bekannten (vgl. [1]), S. 158) Geschwindigkeitspotential der linearisierten Wirbeltraglinientheorie des Hubschrauberrotors mit $k_0 = u_0/\omega$ und $k_* = w_0/\omega$ sowie für die Flügelzirkulation Γ der Relation

$$\Pi(s,\varphi_0) = \varrho\sqrt{(\omega s + w_0\cos\varphi_0)^2 + u_0^2}\,\Gamma(s,\varphi_0)\,. \tag{99}$$

Gl. (99) stellt genau den KUTTA-JOUKOWSKIschen Satz dar; denn wie oben gesagt, entspricht dem Dipolmoment Π die Kraft pro Längeneinheit in radialer Richtung an der tragenden Linie.

Da aus der Lösung der Randbedingungsintegralgleichung gemäß Ziff. 5 die Flügelzirkulation Γ als bekannt angesehen werden kann, ergibt sich aus Gl. (99) auch das zur Berechnung des akustischen Fernfeldes benötigte Dipolmoment Π.

Literatur

1 ISAY, W. H., Moderne Probleme der Propellertheorie; Springer-Verlag, Berlin-Heidelberg-New York 1970; Kapitel IIIA und IIE.

2 ISAY, W. H., Zur Traglinientheorie des Hubschrauberrotors; ZAMM **49**, S. 533 (1969). — Numerische Auswertung: GEHR, K., GRADL, W., WAGNER, S., REICHERT, G., Aerodynamische Arbeitsgrundlagen für zukünftige Propeller und Rotoren. Messerschmitt-Bölkow-Blohm Bericht UDTNA D12—21/Dezember 1970.

3 WAGNER, S., GEHR, K., GRADL, W., Zur linearen aerodynamischen Rotortheorie; sowie KUSSMANN, A., Überblick über verschiedene Modelle zur Rotordurchströmung; Deutsche Luft- und Raumfahrt Mitteilung **71**-12; Juni 1971. Tagung DGLR Fachausschuß Drehflügler am 9. 12. 1970 in München-Ottobrunn.

4 CRIMI, P., Prediction of rotor wake flows; CAL/USAAVLABS Symposium Proceedings, Vol. I. June 1966.

Eingereicht am 30. 7. 1971

Anschrift: Prof. Dr. Ing. W. ISAY, 2 Hamburg 33, Lämmersieth 90 (BRD)

KLEINE MITTEILUNGEN

ZAMM 52, 311 – 314 (1972)

C. LÜBBERT

Symmetrieeigenschaften ebener periodischer Bewegungsvorgänge

Ergebnisse aus [3], die dort an höheren Radlinien bzw. Planetenbewegungen (Trochoidenbewegungen) gewonnen wurden, sollen hier verallgemeinert werden. Zunächst wird die Ordnung der Drehgruppe einer ebenen geschlossenen Kurve in Beziehung gesetzt zur „Umlauf-“ und Tangentendrehzahl. Mit Hilfe der so gewonnenen „Drehsymmetriegleichung“ werden die Symmetrieeigenschaften der Bahnen ebener periodischer einparametriger Bewegungsvorgänge ermittelt.[1])

1. Geschlossene ebene Kurven

1.1. *Zähigkeit, Umlaufzahl, Tangentendrehzahl.* Eine geschlossene ebene differenzierbare Kurve g der Gesamtlänge L besitze in der komplexen Zahlenebene eine stückweise reguläre Parameterdarstellung nach der Bogenlänge s mit der Periode L:

$$f(s) = x(s) + i\,y(s)\,; \tag{1.1}$$

$$\bigwedge_s f(s + L) = f(s)\,. \tag{1.2}$$

Doppelpunkte und Spitzen ($f'(s) = 0$) seien an endlich vielen Stellen erlaubt; g sei durch die Parametrisierung nach s orientiert und *drehsymmetrisch* bzgl. des Ursprungs O, aber g sei *kein Kreis*. Das heißt, g bestehe aus $\mathcal{Z}$ ($\mathcal{Z} \in \mathbb{N}$) kongruenten Teilbögen der Länge $L/\mathcal{Z}$. Die Zahl $\mathcal{Z}$ nennen wir die *Zähligkeit* von g bzgl. O. Mit einer gewissen ganzen Zahl q, die wir die *Umlaufzahl* von g bzgl. O nennen, besteht demnach die *„Drehsymmetriegleichung“*

$$\bigwedge_s f(s)\, e\left(\frac{q}{\mathcal{Z}}\right) = f\left(s + \frac{L}{\mathcal{Z}}\right). \tag{1.3}$$

Dabei ist für den Drehfaktor mit Drehwinkel $2\pi\alpha$ abkürzend

$$e(\alpha) := e^{2\pi i \alpha}$$

gesetzt. Allgemein gilt für beliebiges ganzes N

$$\bigwedge_s f(s)\, e\left(N\frac{q}{\mathcal{Z}}\right) = f\left(s + N\frac{L}{\mathcal{Z}}\right). \tag{1.4}$$

Die Zähligkeit $\mathcal{Z}$ ist also *die Ordnung der Drehgruppe, die g bzgl. des Drehzentrums unter Erhaltung der Orientierung von g gestattet.* $\mathcal{Z} = 1$ bedeutet, daß g bzgl. O keine besondere Drehsymmetrie aufweist. In gewissen Fällen ist die Umlaufzahl q die Anzahl der Umläufe eines Punktes entlang der Bahn g um O.

Hat g keine Spitzen ($f'(s) \neq 0$ für alle s), so besitzt g eine wohldefinierte ganze *Tangentendrehzahl* $\gamma \in \mathbb{G}$ (i. e. die Anzahl der Rotationen des Tangenteneinheitszeigers $f'(s)$ im Intervall $0 \leq s \leq L$)[2]).

Satz 1: (a) *Umlaufzahl q und Tangentendrehzahl γ sind kongruent modulo der Zähligkeit $\mathcal{Z}$:*

$$\gamma \equiv q \bmod \mathcal{Z}\,, \tag{1.5}$$

d. h., die Drehsymmetriegleichung einer geschlossenen glatten Kurve g kann auch durch

$$\bigwedge_s f(s)\, e\left(\frac{\gamma}{\mathcal{Z}}\right) = f\left(s + \frac{L}{\mathcal{Z}}\right) \tag{1.6}$$

ausgedrückt werden.

(b) *Umlaufzahl und Tangentendrehzahl sind beide zur Zähligkeit teilerfremd:*

$$[q, \mathcal{Z}] = [\gamma, \mathcal{Z}] = 1^{3)}\,. \tag{1.7}$$

Beweis: (a) Wegen $f'(s) = 1$ kann man den Tangentenzeiger in der Form

$$f'(s) = e(\alpha(s))$$

ansetzen, wobei $2\pi\alpha$ den Winkel von $f'(s)$ gegenüber einer festen Richtung angibt. Nach Definition von γ ist

$$\bigwedge_s \gamma = \alpha(s + L) - \alpha(s)\,,$$

und da g aus $\mathcal{Z}$ kongruenten Teilbögen besteht

$$\bigwedge_s \frac{\gamma}{\mathcal{Z}} = \alpha\left(s + \frac{L}{\mathcal{Z}}\right) - \alpha(s)\,.$$

Andererseits erhält man nach Differentiation von (1.3)

$$\bigwedge_s e\left(\alpha(s) + \frac{q}{\mathcal{Z}}\right) = e\left(\alpha\left(s + \frac{L}{\mathcal{Z}}\right)\right).$$

Aus den letzten beiden Gleichungen ergibt sich sofort $\gamma \equiv q \bmod \mathcal{Z}$.

(b) Nehmen wir $[q, \mathcal{Z}] =: d > 1$ an mit $q = q'\,d$, $\mathcal{Z} = \mathcal{Z}'\,d$ ($q', \mathcal{Z}' \in \mathbb{N}$) und setzen in (1.4) $N := \mathcal{Z}'$, so wird

$$\bigwedge_s f(s)\, e(q') = f(s) = f\left(s + \frac{L}{d}\right),$$

entgegen der Voraussetzung hätte also g die Gesamtlänge $L/d < L$. Folglich gilt $[q, \mathcal{Z}] = 1$, und wegen (1.5) auch $[\gamma, \mathcal{Z}] = 1$.

Es ist wesentlich, daß eine Deckdrehung um Vielfache des Winkels $\dfrac{2\pi}{\mathcal{Z}}$ *die Orientierung der Kurve g erhält.* Beispiel: Die Kurven von Bild 1 sind ohne Orientierung 2-zählig. Da aber erst nach Drehung um den Winkel 2π die Orientierung in sich übergeht, sind sie nach unserer Definition der Zähligkeit nur 1-zählig. Im Zusammenhang damit sei bemerkt, daß die Kurven von Bild 1 verschwindende Tangentendrehzahl, $\gamma = 0$, haben. Auch daraus sieht man, daß wegen (1.7) nur $\mathcal{Z} = 1$ sein kann.

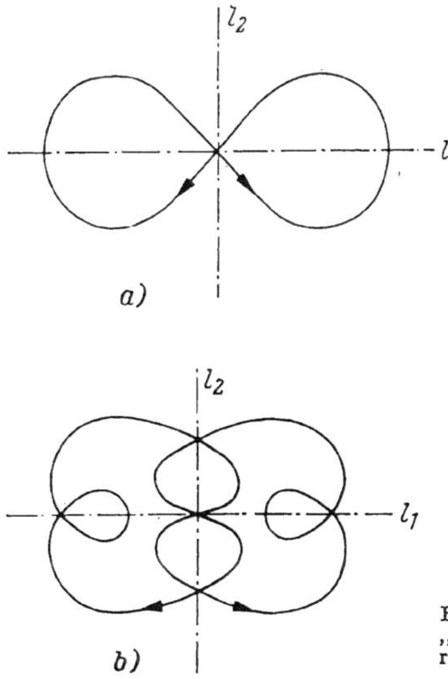

Bild 1. (a) Symmetrische „Acht“. (b) Eine zur „Acht“ regulär homotope Kurve

γ ist — im Gegensatz zu den Zahlen q und $\mathcal{Z}$ — vom Bezugspunkt O unabhängig und kennzeichnet eine ganze Homotopieklasse geschlossener ebener Kurven, denn es gilt der Satz (vgl. [7], S. 127 oder [8], S. 278 f.):

Geschlossene Kurven der Ebene sind genau dann zueinander regulär homotop, d. h. lassen sich stetig ineinander deformieren, wenn sie dieselbe Tangentendrehzahl haben.

¹) Im folgenden bedeutet: $\mathbb{N}$ die Menge der natürlichen, $\mathbb{G}$ die Menge der ganzen Zahlen; $\bigwedge_s$: „für alle s gilt:“

²) Tangentendrehzahl vgl. auch [1], S. 216 f; [2]; [8]

³) Der größte gemeinsame Teiler zweier ganzer Zahlen a, b sei mit $[a, b]$ bezeichnet.

Aus (1.7) folgt damit als Nebenergebnis:

Satz 2: *Es gibt keine orientierende Kurve von der Homotopieklasse der „Acht", die bezüglich irgendeines Zentrums O besondere Drehsymmetrie* ($\mathcal{Z} > 1$) *aufwiese.*

1.2. *Drehsymmetrische Parameter.* Bei einer Parametertransformation $s \to t$ mit $f(s) = z(t)$ beschreibt der neue Parameter t nicht in jedem Falle die Symmetrieeigenschaften der geschlossenen Kurve g. Wir nennen daher t *drehsymmetrisch*, wenn t der Periodizität

$$\bigwedge_s t\left(s + \frac{L}{\mathcal{Z}}\right) = t(s) + \frac{T}{\mathcal{Z}}$$

genügt. Genau dann hat die Drehsymmetriegleichung wieder die Form

$$\bigwedge_s z(t)\, e\left(\frac{q}{\mathcal{Z}}\right) = z\left(t + \frac{T}{\mathcal{Z}}\right). \tag{1.8}$$

T ist dabei die L entsprechende Periode der neuen Parametrisierung.

1.3. *Radlinien.* Als Beispiel betrachten wir geschlossene Radlinien der Stufe $n \geqq 2$, die stets auf die Parameterform

$$z(t) = \sum_{r=1}^{n} a_r\, e(\omega_r t)$$

mit der Periode $T = 1$ gebracht werden können[4]). Dabei sind die komplexen Zeiger $a_r \neq 0$, die „Frequenzen" ω_r ganz und unter sich und von Null verschieden und $[\omega_1, \omega_2, \ldots, \omega_n] = 1$[5]).

Wenn t drehsymmetrisch ist, ergibt sich mit (1.8) die Zähligkeit der n-stufigen Radlinie, von den Zeigern a_r unabhängig, zu

$$\mathcal{Z} = [\omega_2 - \omega_1, \omega_3 - \omega_1, \ldots, \omega_n - \omega_1].$$

Speziell ist im Fall $n = 2$ (Epi- und Hypotrochoiden) $\mathcal{Z} = |\omega_2 - \omega_1|$.

2. Periodische ebene Bewegungsvorgänge

2.1. *Bahnzähligkeiten.* Wir betrachten einen periodischen differenzierbaren Bewegungsvorgang $\boldsymbol{B}(t)$ einer Gangebene E $\{O; z = x + i\,y\}$ gegenüber der Rastebene $\hat{E}$ $\{\hat{O}; \hat{z} = \hat{x} + i\,\hat{y}\}$ mit der Periode $T = 1$:

$$\boldsymbol{B}(t): E \to \hat{E}\,, \qquad \bigwedge_t \boldsymbol{B}(t+1) = \boldsymbol{B}(t)\,.$$

Ein Punkt $z \in E$ beschreibt dabei eine geschlossene Bahn $\hat{g}$ in $\hat{E}$, die durch die Gleichung

$$\hat{g}: \boldsymbol{B}(t)\, z = \hat{z}(t) = \hat{u}(t) + z\, e(n\, t) \tag{2.1}$$

ausgedrückt werden kann[6]). Wegen $T = 1$ muß n ganz sein; n heißt die *Drehzahl* von E gegenüber $\hat{E}$[7]).

Die Bahn des Gangebenenursprungs O wird durch

$$\hat{g}_0: \boldsymbol{B}(t)\, O = \hat{u}(t)$$

wiedergegeben. Im allgemeinen kann die Ursprungsbahn $\hat{g}_0$ *mehrfach*, sagen wir $\hat{m}$-mal, während der Periode $T = 1$ von $\boldsymbol{B}$ durchlaufen werden:

$$\bigwedge_s \hat{u}\left(t + \frac{1}{\hat{m}}\right) = \hat{u}(t)\,. \tag{2.2}$$

Die ganze Zahl $\hat{m}$ nennen wir die *Durchlaufungszahl* von $\hat{g}_0$. Aus $T = 1$ folgt aber

$$[\hat{m}, n] = 1\,. \tag{2.3}$$

Bei dem *inversen* Bewegungsvorgang

$$\boldsymbol{B}^{-1}(t): \hat{E} \to E\,, \qquad \boldsymbol{B}^{-1}(t+1) = \boldsymbol{B}^{-1}(t)\,,$$

bei dem jetzt $\hat{E}$ als Gangebene, E als Rastebene fungiert, beschreibt ein Punkt $\hat{z} \in \hat{E}$ eine geschlossene Bahn $g \subset E$ mit der Gleichung

$$g: \boldsymbol{B}^{-1}(t)\, \hat{z} = z(t) = u(t) + \hat{z}\, e(-n\, t)\,. \tag{2.4}$$

Die Bahn des Ursprungs $\hat{O} \in \hat{E}$ ist dabei

$$g_0: \boldsymbol{B}^{-1}(t)\, \hat{O} = u(t)\,.$$

Wegen (2.1) muß zwischen den Funktionen $\hat{u}(t)$ und $u(t)$ die Beziehung

$$\bigwedge_t u(t) = -\,\hat{u}(t)\, e(-n\, t) \tag{2.5}$$

bestehen. $-n$ ist die Drehzahl von $\hat{E}$ gegenüber E. Die Durchlaufungszahl von g_0 sei m ($m \in \mathbb{N}$):

$$\bigwedge_t u\left(t + \frac{1}{m}\right) = u(t)\,. \tag{2.6}$$

Wieder gilt

$$[m, n] = 1\,. \tag{2.7}$$

Wir setzen voraus, daß die bei $\boldsymbol{B}$ bzw. $\boldsymbol{B}^{-1}$ erzeugten Bahnen drehsymmetrisch bzgl. des Ursprungs $\hat{O}$ bzw. O, jedoch *keine Kreise* sind, weiterhin sei der „Zeitparameter" t drehsymmetrisch im Sinne der Definition in Absatz 1.2. Wir bezeichnen die Zähligkeiten von $\hat{g}, \hat{g}_0, g, g_0$ beziehungsweise mit $\hat{\mathcal{Z}}, \hat{\mathcal{Z}}_0, \mathcal{Z}, \mathcal{Z}_0$, ihre Umlauf- und Tangentendrehzahlen mit $\hat{q}, \hat{q}_0, q, q_0; \hat{\gamma}, \hat{\gamma}_0, \gamma, \gamma_0$ (letztere brauchen nicht bei jeder Kurve zu existieren). Die Bahnen $\hat{g}$ ($z \neq O$) bzw. g ($\hat{z} \neq \hat{O}$) nennen wir *allgemeine Bahnen* von $\boldsymbol{B}$ bzw. $\boldsymbol{B}^{-1}$. Sie werden bei einer vollen Periode $T = 1$ nur einmal durchlaufen.

Wir zeigen zunächst, daß zwischen den Zähligkeiten, der Drehzahl sowie den Umlauf- und Durchlaufungszahlen der Ursprungsbahnen folgende Formeln bestehen:

$$\hat{\mathcal{Z}} = [\hat{\mathcal{Z}}_0, \hat{m}\, \hat{q}_0 - n] \tag{2.8a}$$

$$\mathcal{Z} = [\mathcal{Z}_0, m\, q_0 + n] \tag{2.8b}$$

Beweis von (2.8a): Die Drehsymmetriegleichung für die Ursprungsbahn $\hat{g}_0$ lautet gemäß 1.8)

$$\bigwedge_t \hat{u}(t)\, e(\hat{q}_0/\hat{\mathcal{Z}}_0) = \hat{u}\left(t + \frac{1}{\hat{m}\, \hat{\mathcal{Z}}_0}\right).$$

Der kleinste Parameterzuwachs für die Deckdrehung einer *allgemeinen* Bahn $\hat{g}$, $1/\hat{\mathcal{Z}}$ muß demnach ein gewisses N-faches ($N \in \mathbb{N}$) des kleinsten Parameterzuwachses $1/\hat{m}\, \hat{\mathcal{Z}}_0$ für die Deckdrehung von $\hat{g}_0$ sein.

Mit diesem N lautet also die Drehsymmetriegleichung für $\hat{g}$:

$$\bigwedge_t \hat{z}(t)\, e\left(\frac{\hat{q}}{\hat{\mathcal{Z}}}\right) = \hat{z}\left(t + \frac{N}{\hat{m}\, \hat{\mathcal{Z}}_0}\right) =$$

$$= e\left(\frac{N\, \hat{q}_0}{\hat{\mathcal{Z}}_0}\right)\left(\hat{u}(t) + z\, e(n\, t)\, e\left(\frac{N}{\hat{\mathcal{Z}}_0}\left(\frac{n}{\hat{m}} - \hat{q}_0\right)\right)\right),$$

woraus sich wegen $[\hat{m}, n] = 1$ für das kleinstmögliche $N \in \mathbb{N}$ ergibt:

$$N = \frac{\hat{m}\, \hat{\mathcal{Z}}_0}{[\hat{\mathcal{Z}}_0, n - \hat{m}\, \hat{q}_0]}\,.$$

Hieraus folgt mit der Voraussetzung $\dfrac{1}{\hat{\mathcal{Z}}} = \dfrac{N}{\hat{m}\, \hat{\mathcal{Z}}_0}$ die Formel (2.8a). Analog beweist man (2.8b).

Wie leicht zu sehen ist, ergeben sich aus den Formeln (2.8) folgende Ergebnisse:

Satz 3: (a) *Die Drehzahl n ist zu allen bei* $\boldsymbol{B}$ *und* $\boldsymbol{B}^{-1}$ *auftretenden Bahnzähligkeiten teilerfremd.*

(b) *In* (2.8a) *bzw.* (2.8b) *können die Drehzahlen* $-n$ *bzw.* $+n$ *durch die Umlaufzahlen* $\hat{q}$ *bzw.* q *oder die Tangentendrehzahlen* $\hat{\gamma}$ *bzw.* γ *der allgemeinen Bahnen ersetzt werden.*

(c) *Die Zähligkeit der Ursprungsbahn ist ein ganzzahliges Vielfaches der Zähligkeit der allgemeinen Bahn.*

4) Vgl. [3], S. 11

5) $[m_1, m_2, \ldots, m_n]$ bezeichnet den größten gem. Teiler der ganzen Zahlen $m_1, m_2, \ldots, m_n$.

6) Nach der Schlußbemerkung in [6] werden durch (2.1) mit $n \in G$ im wesentlichen bereits alle periodischen Zwangläufe $\boldsymbol{B}$ erfaßt.

7) Drehzahl vgl. [1] S. 113

Für das Folgende wichtiger ist der

Satz 4: (a) *Die Zähligkeit einer allgemeinen Bahn von $\boldsymbol{B}$ ist gleich der Durchlaufungszahl der Ursprungsbahn von $\boldsymbol{B}^{-1}$:*

$$\hat{\mathcal{X}} = m\,, \quad \mathcal{X} = \hat{m}\,. \tag{2.9}$$

(b) *Die ganzzahligen Zähligkeitsverhältnisse von Ursprungs- zu allgemeiner Bahn sind bei $\boldsymbol{B}$ und $\boldsymbol{B}^{-1}$ gleich:*

$$\frac{\hat{\mathcal{X}}_0}{\hat{\mathcal{X}}} = \frac{\mathcal{X}_0}{\mathcal{X}} =: M \in N\,. \tag{2.10}$$

(c) *Die Zähligkeiten der allgemeinen Bahnen von $\boldsymbol{B}$ und $\boldsymbol{B}^{-1}$ sind teilerfremd:*

$$[\hat{\mathcal{X}}, \mathcal{X}] = 1\,. \tag{2.11}$$

Der Beweis sei hier nur abgekürzt wiedergegeben:
(a) Aus den Drehsymmetriegleichungen für die Ursprungsbahnen $\hat{g}_0$, g_0 erhält man wegen der Bedingung (2.5) zunächst die Gleichheit der kleinstmöglichen Parameterzusätze für Deckdrehungen:

$$\frac{1}{\hat{m}\,\hat{\mathcal{X}}_0} = \frac{1}{m\,\mathcal{X}_0}\,, \tag{2.12}$$

sodann bei derselben Betrachtung: $\dfrac{\hat{q}_0}{\hat{\mathcal{X}}_0} \equiv \dfrac{m\,q_0 + n}{m\,\mathcal{X}_0}$ mod 1.
Wegen (1.7) und (2.7) folgt daraus

$$\hat{\mathcal{X}}_0 = \frac{m\,\mathcal{X}_0}{[\mathcal{X}_0, m\,q_0 + m]} = \frac{m\,\mathcal{X}_0}{\mathcal{X}}\,. \tag{2.13}$$

Der letzte Schritt in (2.13) gilt wegen Formel (2.8a). Nun ergeben (2.12) und (2.13) zusammen $\mathcal{X} = \hat{m}$; analog wird $\hat{\mathcal{X}} = m$ bewiesen.
(b) Aus (2.9), (2.8a) und (2.13) folgt (2.10).
(c) (2.11) sieht man sofort ein, wenn man z. B. in Formel (2.8a) $\hat{m}$ durch $\mathcal{X}$ ersetzt.
Im Falle, daß die Ursprungsbahn die gleiche Zähligkeit hat wie eine allgemeine Bahn, wären manche der Ergebnisse trivial. Man kann aber an Beispielen von Trochoidenbewegungen[8]) nichttriviale Fälle $\hat{\mathcal{X}}_0 > \hat{\mathcal{X}}$ (i. e. $M > 1$) zeigen.

2.2. *Periodische Bewegungsvorgänge mit achsensymmetrischen Bahnen.* Erzeugt $\boldsymbol{B}$ achsensymmetrische Bahnen, so ist die Zähligkeit einer Bahn gleich der Anzahl ihrer Symmetrieachsen[9]). In diesem Falle erhält die ganze Zahl M der Formel (2.10) eine anschauliche Bedeutung, die wir ohne Beweis angeben:

Satz 5: *Sind die Bahnen von $\boldsymbol{B}$ achsensymmetrisch, so zerfällt die Menge aller allgemeinen Bahnen $\hat{g} \subset \hat{E}$ ($z \neq 0$) in M Klassen, derart daß alle Kurven derselben Klasse ihre $\hat{\mathcal{X}}$ Symmetrieachsen gemeinsam haben.*

2.3. *Die Stützpunkte einer allgemeinen Bahn.* Durch eine lineare Parametertransformation $t \to t + \dfrac{k}{\hat{m}}$ ($k \in G$) kann eine allgemeine Bahn $\hat{g}$ von $\boldsymbol{B}$ wegen der Periodizität (2.2) von $u(t)$ auch durch die Gleichung

$$\hat{z}_k(t) := \hat{z}\left(t + \frac{k}{\hat{m}}\right) = \hat{u}(t) + z_k\, e(n\,t)$$

mit

$$z_k := z\, e\left(\frac{n\,k}{\hat{m}}\right) \qquad (k = 0, \ldots, \hat{m} - 1)$$

dargestellt werden, d. h., $\hat{g}$ wird durch $\hat{m}$ Punkte $z_0 = z$, $z_1, \ldots, z_{\hat{m}-1}$ der Gangebene gleichzeitig erzeugt. Diese heißen die Stützpunkte der Bahn $\hat{g}$ bei der Bewegung $\boldsymbol{B}: E \to \hat{E}$[10]). Wegen der Bedeutung (2.9) der Zahl $\hat{m}$ haben wir somit den

Satz 6: *Die Anzahl der Stützpunkte einer allgemeinen Bahn von $\boldsymbol{B}$ ist gleich der Zähligkeit einer allgemeinen Bahn von $\boldsymbol{B}^{-1}$.*

[8]) Trochoidenbewegungen siehe [3], S. 34 ff.
[9]) Eine Gerade durch das Drehzentrum einer orientierten geschlossenen Kurve g heiße Symmetrieachse, wenn g an dieser Geraden gespiegelt werden kann und dabei die Orientierung *umgekehrt* wird.
[10]) Vgl. [5], S. 15, 30 oder 105, oder [6]

2.4. *Die Polbahnen von $\boldsymbol{B}$.* Der Bewegungsvorgang $\boldsymbol{B}$ kann kinematisch in eindeutiger Weise durch das Abrollen einer „Gangpolbahn" $p \subset E$ auf einer „Rastpolbahn" $\hat{p} \subset \hat{E}$ bestimmt werden. Der gemeinsame Berührpunkt von p und $\hat{p}$, der *Pol* von $\boldsymbol{B}$, habe zur Zeit t in E bzw. $\hat{E}$ den Zeiger $z_p(t)$ bzw. $\hat{z}_p(t)$. Er ist durch verschiedene Führungsgeschwindigkeit, $\dot{\hat{z}}(t) = 0$ für $z = z_p$ gekennzeichnet. Damit erhalten p und $\hat{p}$ die Gleichungen[11])

$$z_p(t) = +\frac{i}{n}\,\dot{\hat{u}}(t)\, e(-n\,t)\,, \qquad \hat{z}_p(t) = -\frac{i}{n}\,\dot{u}(t)\, e(n\,t)\,. \tag{2.14}$$

Um die Polbahnzähligkeiten $\mathcal{X}_p$, $\hat{\mathcal{X}}_p$ definieren zu können, sei wieder vorausgesetzt, daß p und $\hat{p}$ *keine Kreise* sind. Für den folgenden Satz ist es wichtig, daß die Ursprünge $\hat{O}$, O wirklich die Symmetriezentren der Bahnen von $\boldsymbol{B}$ und $\boldsymbol{B}^{-1}$ sind. Dann gilt

Satz 7: *Die Rastpolbahn von $\boldsymbol{B}$ und die Bahn des bewegten Ursprungs haben die gleiche Zähligkeit, gleiches gilt für $\boldsymbol{B}^{-1}$:*

$$\hat{\mathcal{X}}_p = \hat{\mathcal{X}}_0\,, \quad \mathcal{X}_p = \mathcal{X}_0\,. \tag{2.15}$$

Der Beweis sei nur angedeutet. Er verläuft ähnlich wie der von Satz 4(a). Zunächst überlegt man sich: Wenn der Koordinatenursprung O echtes Drehzentrum einer geschlossenen drehsymmetrischen Kurve c: $z = f(t)$ mit drehsymmetrischem Parameter t ist, so hat die durch $z^* = \dot{f}(t)$ definierte Kurve c^* dieselbe Zähligkeit wie c (bzgl. O). Aus (2.14) ist demnach zu ersehen, daß die Zähligkeit der Ursprungsbahn zumindest ein ganzzahliges Vielfaches der entsprechenden Rastpolbahn beträgt. Ähnlich wie wir mit Hilfe von (2,5) auf die Formel (2.12) gekommen sind, ist nun

$$\hat{m}_p\, \hat{Z}_p = \hat{m}\,\hat{\mathcal{X}}_0 = m\,\mathcal{X}_0 = m_p\,\mathcal{X}_p \tag{2.16}$$

aus (2.14) herzuleiten, wobei $\hat{m}_p$, m_p die Durchlaufzahlen der Polbahnen $\hat{p}$, p sind. Analog zur Herleitung von (2.13) finden wir dann

$$\hat{\mathcal{X}}_p = \frac{m\,\mathcal{X}_0}{\mathcal{X}}\,, \qquad \mathcal{X}_p = \frac{\hat{m}\,\hat{\mathcal{X}}_0}{\hat{\mathcal{X}}}\,,$$

und daraus wegen (2.13) schließlich das Ergebnis von Satz 7.

Zum Schluß noch eine Bemerkung zu den Gesamtlängen $\hat{L}$, L der Polbahnen $\hat{p}$, p: Sie bestehen jeweils aus $\hat{\mathcal{X}}_p$ bzw. $\mathcal{X}_p$ unter sich kongruenten *Teilbögen* der Längen $\hat{L}/\hat{\mathcal{X}}_p$ bzw. $L/\mathcal{X}_p$. Für die Poldurchlaufzahlen $\hat{m}_p$, m_p folgt aus (2.15) und (2.16) wie zu erwarten

$$\hat{m}_p = \mathcal{X}_p\,, \quad m_p = \hat{\mathcal{X}}_p\,.$$

Da $\hat{p}$ und p aufeinander abrollen, sind die Gesamtwege $\hat{m}_p\,\hat{L} = \mathcal{X}\,\hat{L}$ bzw. $m_p\,L = \hat{\mathcal{X}}\,L$, die der Pol auf $\hat{p}$ bzw. p während der Periode $T = 1$ von $\boldsymbol{B}$ zurücklegt, gleich: $\mathcal{X}\,\hat{L} = \hat{\mathcal{X}}\,L$. Wegen (2.10) und (2.15) folgt daraus:

$$\frac{\hat{L}}{\hat{\mathcal{X}}_p} = \frac{L}{\mathcal{X}_p}\,.$$

Damit gilt

Satz 8: *Die Teilbögen von Rast- und Gangpolbahn einer periodischen Bewegung $\boldsymbol{B}$ haben gleiche Längen.*

Als Veranschaulichung diene Bild 2, das die Planetenbewegung 3. Stufe

$$\boldsymbol{B}\,z = \hat{z}(t) = -\,e^{3it} - e^{-3it} + z\,e^{-it} \quad (T = 2\,\pi)$$

mit den Polbahnen

$$\hat{z}_p(t) = 2\,(-2\,e^{3it} + e^{-3it})\,, \quad z_p(t) = 3\,(-e^{4it} + e^{-2it})\,e^{-0{,}1\,i}$$

(Radlinien 2. Stufe) wiedergibt.

[11]) Vgl. etwa [5]

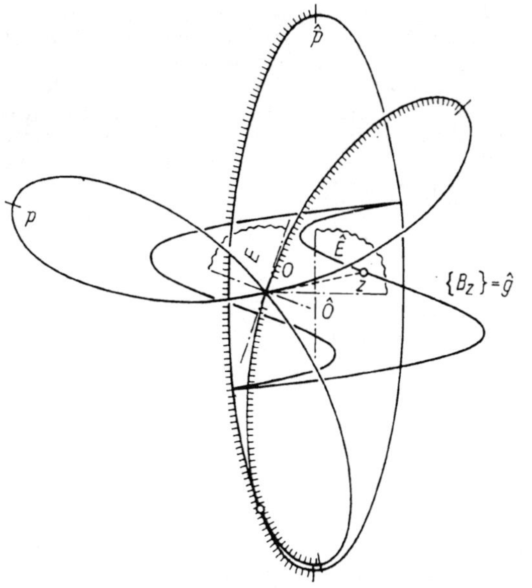

Bild 2. Planetenbewegung 3. Stufe, die Polbahnen, $p, \hat{p}$ sind Radlinien 2. Stufe, eine allgemeine Bahn $\hat{g}$ ist eingezeichnet.

Literatur

1 BLASCHKE, W. und MÜLLER, H. R., Ebene Kinematik, München 1956.
2 HOPF, H., Über die Drehung der Tangenten und Sehnen ebener Kurven, Compositio mathematica **2**, S. 50–62 (1935).
3 LÜBBERT, C., Symmetrieeigenschaften von Radlinien und Hüllkurven, Dissertation, Darmstadt 1969.
4 LÜBBERT, C., Symmetrieeigenschaften von Gleitkurven bei Trochoidenbewegungen, ZAMM **51**, 410–411 (1971).
5 MÜLLER, H. R., Kinematik, Sammlung Göschen 584/584a, 1963.
6 MÜLLER, H. R., Bewegungsvorgänge mit mehrfach durchlaufenen Bahnkurven, Monatshefte für Mathematik **67**, Heft **4**, S. 326–334 (1963).
7 VOSS, K., Differentialgeometrie geschlossener Flächen im Euklidischen Raum. I. Jahresber. d. DMV **63**, S. 117–135 (1960).
8 WHITNEY, H., On regular closed curves in the plane, Compositio mathematica **4**, S. 276–284 (1937).
10 WUNDERLICH, W., Höhere Radlinien, Österreich. Ing. Arch. **1**, Heft 4/5, S. 277–296 (1947).

Eingereicht am 12. 4. 1971

Anschrift: Dr. CHRISTOPH LÜBBERT, Haile Selassie I University, Mathematics Department, P. O. Box 1176, Addis Abeba, Ethiopia.

ZAMM 52, 314–316 (1972)

O. RANI

Duality in Quadratic Programming

1. Introduction

Duality theorems for a class of quadratic programming problems have been studied by COTTLE [1]. The formulation of the primal problem is such that the matrix D occurs both in the constraint set and the objective function. The object of this note is to point out that this type of interdependence through the matrix D is not at all necessary. We formulate the problem for a wider class and show that COTTLE's formulation is only a particular case. By adopting a procedure analogous to COTTLE's, the duality theorems are established. Moreover it is clear that DORN's [2] and VON NEUMANN's symmetric dual linear programs [3] are special cases of our wider class.

2. The Problems

Consider the following quadratic programming problem.

$$\text{Minimize } F(x, y) = \frac{1}{2} y' Dy + \frac{1}{2} x' C x + p' x \tag{2.1}$$

$$\text{subject to} \quad A_1 x + A_2 y \geqq -b , \tag{2.2}$$

$$x \geqq 0 \tag{2.3}$$

where A_1 and A_2 are matrices of order $m \times n$ and $m \times m$ respectively, C and D are symmetric positive semi-definite matrices of orders $n \times n$ and $m \times m$ respectively. p is a constant $n \times 1$ vector and b is a constant $m \times 1$ vector. x and y are $n \times 1$ and $m \times 1$ vectors of variables. This problem will be called the primal problem and denoted by I.

A dual to problem I is:

$$\text{Maximize } G(u, v, w) = -\frac{1}{2} w' Dw - \frac{1}{2} u' C u - b' v \tag{2.4}$$

$$\text{subject to} \quad A_1' v - C u \leqq p , \tag{2.5}$$

$$A_2' v - D w = 0 , \tag{2.6}$$

$$v \geqq 0 \tag{2.7}$$

where u, v, w are $n \times 1$, $m \times 1$, $m \times 1$, vectors of variables respectively. Denote this as problem II.

Let P and P^* denote the constraint sets for the primal and the dual programs i.e.,

$$P = \{(x, y): A_1 x + A_2 y \geqq -b , \quad x \geqq 0\}$$

$$P^* = \{(u, v, w): A_1' v - C u \leqq P , \quad A_2' v - D w = 0 , \quad v \geqq 0\} .$$

3. Duality Theorems

The following theorems show the relationship between problems I and II.

Theorem 1. $\sup_{P^*} G \leqq \inf_P F$.

Proof: Using the convention [4] that

$$\sup_{P^*} G = -\infty \quad \text{if} \quad P^* = \varphi ,$$

and

$$\inf_P F = +\infty \quad \text{if} \quad P = \varphi ,$$

then the inequality remains to be proved under the assumption that problems I and II are feasible.

From (2.2) and (2.5) it follows that

$$-b' v \leqq x' A_1' v + y' A_2' v$$

$$p' x \geqq v' A_1 x - u' C x .$$

Therefore

$$-b' v \leqq p' x + x' C u + y' A_2' v ,$$

or

$$-b' v \leqq p' x + x' C u + y' D w , \tag{3.1}$$

where the last inequality is obtained with the help of (2.6).

Since C and D are symmetric positive semi-definite matrices of order $n \times n$ and $m \times m$, therefore

$$2 x' C u \leqq x' C x + u' C u$$

and

$$2 y' D w \leqq y' D y + w' D w .$$

From (3.1), we have

$$-b' v \leqq p' x + \frac{1}{2} x' C x + \frac{1}{2} u' C u + \frac{1}{2} y' D y + \frac{1}{2} w' D w$$

i.e.

$$-\frac{1}{2} w' D w - \frac{1}{2} u' C u - b' v \leqq \frac{1}{2} y' D y + \frac{1}{2} x' C x + p' x$$

i.e.

$$G(u, v, w) \leqq F(x, y)$$

which proves the result.

Lemma 1. *If (x_0, y_0) is an optimal solution for the problem I it is also an optimal solution for the linear program L_0:*

$$\textit{Minimize } f(x, y) = (y_0' D) y + (x_0' C) x + p' x$$

$$\textit{subject to} \quad A_1 x + A_2 y \geqq -b , x \geqq 0 .$$

We observe that the constraint set P of the problem I and the linear Programming problem L_0 is the same.

Suppose there exists $(x^*, y^*) \in p$ such that $f(x^*, y^*) - f(x_0, y_0) < 0$, this means

$$y_0' D (y^* - y_0) + (x_0' C + p') (x^* - x_0) < 0 . \tag{3.2}$$

Let

$$x_1 = x_0 + \lambda (x^* - x_0)$$
$$y_1 = y_0 + \lambda (y^* - y_0), \quad 0 < \lambda < 1 .$$

(x_1, y_1) satisfies the constraint of problem I. Consider

$$F(x_1, y_1) - F(x_0, y_0) = \lambda [y_0' D (y^* - y_0) + (x_0' C + p') \times (x^* - x_0)] + \frac{\lambda^2}{2} [(y^* - y_0)' D \times (y^* - y_0) + (x^* - x_0)' C (x^* - x_0)]; \tag{3.3}$$

choose

$$\lambda < - \frac{y_0' D (y^* - y_0) + (x_0' C + p') (x^* - x_0)}{\frac{1}{2} [(y^* - y_0)' D (y^* - y_0) + (x^* - x_0)' C (x^* - x_0)]}$$

then the right hand member of (3.3) can be made negative by using (3.2) and taking sufficiently small positive λ. This implies

$$F(x_1, y_1) - F(x_0, y_0) < 0$$

which is a contradiction of our hypothesis that (x_0, y_0) is an optimal solution for P. Therefore (x_0, y_0) must be optimal for L_0.

Theorem 2. *The primal problem I has an optimal solution if and only if problem II has an optimal solution. In either case the extreme values are equal.*

Proof. Let (x_0, y_0) by an optimal solution for Problem I. Then according to Lemma 1 it is an optimal for the linear Program L_0. Dual to L_0 can be written as

Maximize $\quad - b' v$

subject to
$$A_1' v \leqq C x_0 + p ,$$
$$A_2' v = D y_0 ,$$
$$v \geqq 0 .$$

Then by duality theorem of linear programming there exists a vector v_0, such that

$$A_1' v_0 - C x_0 \leqq p ,$$
$$A_2' v_0 - D y_0 = 0 ,$$
$$v_0 \geqq 0$$

and

$$- b' v_0 = y_0' D y_0 + x_0' C x_0 + p' x_0 . \tag{3.4}$$

We observe that $(u, v, w) = (x_0, v_0, y_0)$ satisfies the constraints of problem II. We shall now show that this indeed is an optimal solution:

$$\begin{aligned} G(x_0, v_0, y_0) - G(u, v, w) &= - \frac{1}{2} y_0' D y_0 - \frac{1}{2} x_0' C x_0 - b' v_0 + \\ &\quad + \frac{1}{2} w' D w + \frac{1}{2} u' C u + b' v \geqq \\ &\geqq y_0' D (w - y_0) + x_0' C (u - x_0) - b' v_0 + b' v \geqq \\ &\geqq y_0' D (w - y_0) + x_0' C (u - x_0) + \\ &\quad + y_0' D y_0 + x_0' C x_0 + p' x_0 + b' v \\ &\geqq y_0' D w + x_0' C u + p' x_0 + b' v \geqq \\ &\geqq y_0' A_2' v + x_0' A_1' v - x_0' p + p' x_0 + b' v \geqq \\ &\geqq (A_1 x_0 + A_2 y_0)' v + b' v \\ &\geqq 0 , \end{aligned}$$

where the first inequality follows from lemma 1, second on using (3.4), fourth on using (2.6) and (2.7) and last from (2.2).

Thus $G(x_0, v_0, y_0) \geqq G(u, v, w)$ showing that (x_0, v_0, y_0) is an optimal solution. Moreover

$$\begin{aligned} G(x_0, v_0, y_0) &= - \frac{1}{2} y_0' D y_0 - \frac{1}{2} x_0' C x_0 - b' v_0 \\ &= - \frac{1}{2} y_0' D y_0 - \frac{1}{2} x_0' C x_0 + y_0' D y_0 + \\ &\quad + x_0' C x_0 + p' x_0 \qquad \text{(using 3.4)} \\ &= \frac{1}{2} y_0' D y_0 + \frac{1}{2} x_0' C x_0 + p' x_0 \\ &= F(x_0, y_0) . \end{aligned}$$

Now the converse will be proved by applying these results to problem II, which may be written as a minimization problem in the form

Minimize $\quad - G(u, v, w) = \frac{1}{2} w' D w + \frac{1}{2} u' C u + b' v$

subject to
$$- A_1' v + C u \geqq - p ,$$
$$- A_2' v + D w \geqq 0 ,$$
$$A_2' v - D w \geqq 0 ,$$
$$v \geqq 0 .$$

Now let $u = r - s$ where $r \geqq 0$, $s \geqq 0$.

Problem II then becomes

Minimize

$$- G(r, s, v, w) = \frac{1}{2} w' D w + \frac{1}{2} (r, s, v) \begin{pmatrix} C & -C & 0 \\ -C & C & 0 \\ 0 & 0 & 0 \end{pmatrix} \times \begin{pmatrix} r \\ s \\ v \end{pmatrix} + (0, 0, b') \begin{pmatrix} r \\ s \\ v \end{pmatrix}$$

subject to

$$\begin{pmatrix} C & -C & -A_1' \\ 0 & 0 & -A_2' \\ 0 & 0 & A_2' \end{pmatrix} \begin{pmatrix} r \\ s \\ v \end{pmatrix} + \begin{pmatrix} 0 \\ D \\ -D \end{pmatrix} w \geqq \begin{pmatrix} -p \\ 0 \\ 0 \end{pmatrix},$$

$$r \geqq 0 , \quad s \geqq 0 , \quad v \geqq 0 .$$

This is now in the form of problem I, then by theorem 2 (already proved) implies the existence of a solution to a dual problem which is:

Maximize

$$F(x, y_1, x_1, x_2, x_3, x_4, x_5) = - \frac{1}{2} y_1' D y_1 - \frac{1}{2} (x_1', x_2', x_3') \begin{pmatrix} C & -C & 0 \\ -C & C & 0 \\ 0 & 0 & 0 \end{pmatrix} \begin{pmatrix} x_1 \\ x_2 \\ x_3 \end{pmatrix} + (-p', 0, 0) \begin{pmatrix} x \\ x_4 \\ x_5 \end{pmatrix}$$

subject to

$$\begin{pmatrix} C & 0 & 0 \\ -C & 0 & 0 \\ -A_1 & -A_2 & A_2 \end{pmatrix} \begin{pmatrix} x \\ x_4 \\ x_5 \end{pmatrix} - \begin{pmatrix} C & -C & 0 \\ -C & C & 0 \\ 0 & 0 & 0 \end{pmatrix} \begin{pmatrix} x_1 \\ x_2 \\ x_3 \end{pmatrix} \leqq \begin{pmatrix} 0 \\ 0 \\ b \end{pmatrix}$$

$$(0, D', -D') \begin{pmatrix} x \\ x_4 \\ x_5 \end{pmatrix} - D y_1 = 0 ,$$

$$x \geqq 0 , \quad x_4 \geqq 0 , \quad x_5 \geqq 0 .$$

This can be written as

Maximize $\quad - \frac{1}{2} y_1' D y_1 - \frac{1}{2} (x_1 - x_2)' C (x_1 - x_2) - p' x$

subject to
$$A_1 x + A_2 (x_4 - x_5) \geqq - b$$
$$C x = C (x_1 - x_2) ,$$
$$D (x_4 - x_5) = D y_1$$

or Maximize

$$-\frac{1}{2}(x_4 - x_5)' D (x_4 - x_5) - \frac{1}{2} x' C x - p' x$$

subject to

$$A_1 x + A_2 (x_4 - x_5) \geqq -b, \quad x, x_4, x_5 \geqq 0$$

set $x_4 - x_5 = y$, the above problem takes the form

$$\text{Maximize} \quad -\frac{1}{2} y' D y - \frac{1}{2} x' C x - p' x$$

$$\text{subject to } A_1 x + A_2 y \geqq -b, \quad x \geqq 0$$

which is exactly the original problem I.

Theorem 3. *If primal problem is infeasible and the dual is feasible, then*

$$\sup_{P^*} G = +\infty .$$

Proof.

Let (u, v, w) be any vector satisfying the constraint set P of dual problem. Since the primal problem is infeasible, there exist no pair (x, y) satisfying

$$\begin{pmatrix} A_1 & A_2 \\ I & 0 \end{pmatrix} \begin{pmatrix} x \\ y \end{pmatrix} \geqq \begin{pmatrix} -b \\ 0 \end{pmatrix}.$$

If follows (cf [5] p. 46) that there exist vectors $u^* \geqq 0$ and $v^* \geqq 0$ such that

$$\begin{pmatrix} A_1' & I \\ A_2' & 0 \end{pmatrix} \begin{pmatrix} v^* \\ u^* \end{pmatrix} = \begin{pmatrix} 0 \\ 0 \end{pmatrix}, \qquad (-b', 0) \begin{pmatrix} v^* \\ u^* \end{pmatrix} = 1 .$$

These relations reduce to

$$-I u^* = A_1' v^* \leqq 0 , \quad A_2' v^* = 0 , \quad b' v^* = -1 . \tag{3.5}$$

Now $\lambda \geqq 0$ implies that $v + \lambda v^* \geqq 0$ and

$$A_1' (v + \lambda v^*) - C u = A_1' v + \lambda A_1' v^* - C u \leqq p$$

where the inequality follows from (3.5) and our hypothesis. Also using (3.5) and our hypothesis we obtain.

$$A_2' (v + \lambda v^*) - D w = A_2' v - D w + \lambda A_2' v^* = 0 .$$

This shows $(u, v + \lambda v^*, w)$ also satisfies the constraint set P^*. Moreover

$$G(u, v + \lambda v^*, w) = -\frac{1}{2} w' D w - \frac{1}{2} u' C u - b' v - \lambda b' v^* = G(u, v, w) + \lambda$$

(using 3.5) which proves that

$$G(u, v + \lambda v^*, w) \to +\infty , \quad \text{as} \quad \lambda \to +\infty .$$

Particular Cases

Let $A_2 = D$, then problems I and II respectively reduces to

Primal:

$$\text{Minimize } F(x, y) = \frac{1}{2} y' D y + \frac{1}{2} x' C x + p' x$$

$$\text{subject to} \quad A_1 x + D y \geqq -b , \quad x \geqq 0 .$$

Dual:

$$\text{Maximize} \quad G(u, v, w) = -\frac{1}{2} w' D w - \frac{1}{2} u' C u - b' v$$

$$\text{subject to} \quad A_1' v - C u \leqq p , \quad D' v - D w = 0 , \quad v \geqq 0 .$$

The dual problem can also be written as:

$$\text{Maximize} \quad G(u, v) = -\frac{1}{2} v' D v - \frac{1}{2} u' C u - b' v$$

$$\text{subject to} \quad A_1' v - C u \leqq p , \quad v \geqq 0 .$$

These are the dual problem discussed by COTTLE [1].

Acknowledgment

I am highly indebted to Dr. R. N. KAUL, Reader in Mathematics, University of Delhi, for his guidance and encouragement in the preparation of this note.

References

1 COTTLE, R. W., Symmetric dual quadratic programs, Q. Appl. Math. **21**, 237–243 (1963).
2 DORN, W. S., Duality in quadratic programming, Q. Appl. Math., 8, 155 to 162 (1960).
3 DANTZIG, G. B., Linear Programming and extensions, Princeton University Press, Princeton (1963).
4 WOLFE, P., A duality for quadratic programming, Q. Appl. Math. **19**, 239–244 (1961).
5 GALE, D., The theory of linear economic models, McGraw-Hill, New York 1960.

Eingereicht am 26. 4. 1971

Anschrift: OMA RANI, Faculty of Mathematics, Delhi University, Delhi 7 (India)

BUCHBESPRECHUNGEN

W. Dück, Numerische Methoden der Wirtschaftsmathematik I. (Math. Lehrbücher u. Monographien, Bd. XVII) XV + 508 S. m. 105 Abb. u. 5 Tab. Berlin 1970. Akademie-Verlag. Preis geb. 42,— M.

Die Auflösung linearer Gleichungssysteme mit den geläufigen Methoden der linearen Algebra ist theoretisch vollständig geklärt. Praktisch bereitet eine solche Auflösung aber erhebliche Schwierigkeiten, sobald die Zahl der Variablen groß wird und die Lösungen numerisch angegeben werden sollen. Daher nehmen die Verfahren zur Behandlung dieser Gleichungssysteme einen sehr breiten Raum in der numerischen Mathematik ein. Ohne den Begriffsapparat der Funktionalanalysis ist es kaum noch möglich, umfangreiche Gleichungssysteme praktisch in den Griff zu bekommen.

Das vorliegende Buch ist im wesentlichen der Lösung solcher Gleichungssysteme gewidmet. Die dargestellten Verfahren, seien es die algorithmischen Methoden der linearen Algebra oder die iterativen Lösungsmethoden der Funktionalanalysis, orientieren sich an dem praktischen Problem und an der Möglichkeit, auf elektronischen Anlagen die numerischen Ergebnisse zu gewinnen.

Das Buch setzt die Kenntnis der linearen Algebra voraus, dagegen nicht die geläufigen Tatsachen der elementaren Analysis, die indessen bei der Behandlung der linearen Gleichungssysteme mittels der Funktionalanalysis unerläßlich sind. So werden im 1. Kapitel zunächst die Grundbegriffe der Konvergenz bei Folgen und Reihen sowie die Begriffe der Grenzwerte, der Stetigkeit und der Differenzierbarkeit bei Funktionen einer Veränderlichen dargestellt. Danach werden im 2. Kapitel iterative Lösungsmethoden von Gleichungen einer reellen Veränderlichen behandelt. Hier wird an dem einfachsten Fall die Methodik dargelegt, die in den weiteren Kapiteln bei der iterativen Behandlung von Gleichungssystemen mittels funktionalanalytischer Verfahren benötigt wird. Für das Verständnis dieser Kapitel ist ein gewisses Maß an Abstraktionsfähigkeit erforderlich. Die Grundtatsachen über metrische und lineare Räume sowie über die Operatoren in diesen Räumen werden sehr klar und verständlich dargestellt und immer wieder an Hand der linearen Gleichungssysteme erläutert, so daß auch der Praktiker in die Lage versetzt wird, diesen Begriffsapparat anzuwenden. Zur Auflösung linearer Gleichungssysteme werden die wichtigsten algorithmischen und iterativen Verfahren so weit entwickelt, daß sie der numerischen Behandlung auf Datenverarbeitungsanlagen zugänglich sind. Je nach der Struktur der Ausgangsgleichungen werden die jeweils zweckmäßigsten Lösungsverfahren, einschließlich genauer Fehlerbetrachtungen, Rechenzeit und Speicherplatz auf den Elektronenrechnern entwickelt und miteinander verglichen. Das Buch ist didaktisch sehr gut geschrieben und außerordentlich nützlich für jeden Praktiker, der entsprechende Probleme zu lösen hat. Seine Ergebnisse sind dabei keineswegs auf die Anwendungen in den Wirtschaftswissenschaften beschränkt.

Zum Schluß mögen die Kapitelüberschriften den Inhalt erläutern:

Kapitel I: Grundlagen der Analysis
II: Iterative Lösung von Gleichungen
III: Metrische Räume und Verfahren zur Lösung linearer Gleichungssysteme
IV: Lineare Räume und lineare Operatoren. Iterative Matrizeninversion
V: Verbesserung der numerischen Genauigkeit von Eliminationsverfahren durch Pivotwahl
VI: Berücksichtigung von Blockstrukturen beim Lösungsprozeß
VII: Berücksichtigung spezieller Eigenschaften beim Lösungsprozeß
VIII: Nachträgliche Änderungen
IX: Fehlerhafte Eingangsinformationen und fehlerhafter Prozeß der numerischen Datenverarbeitung.

Bochum F. Sommer

E. Lukacs, Characteristic functions. X + 350 S, London 1970. Charles Griffin + Co. Ltd., 42 Drucy Lane. London WC 2. Preis geb. £ 5.50.

Charakteristische Funktionen sind heute ein unentbehrliches Hilfsmittel für alle, die sich mit Wahrscheinlichkeitstheorie oder mathematischer Statistik beschäftigen. In der vorliegenden zweiten Auflage der Monographie des bekannten Spezialisten E. Lukacs werden sie vom rein mathematischen Standpunkt untersucht. Dabei ergibt sich eine bemerkenswerte Fülle an Ergebnissen, die sicher jeden analytisch interessierten Mathematiker begeistert.

Die einzelnen Kapitel sind folgendermaßen überschrieben: Einführung; vorbereitendes Studium charakteristischer Funktionen; fundamentale Eigenschaften charakteristischer Funktionen; Kriterien für charakteristische Funktionen; unbeschränkt teilbare charakteristische Funktionen; allgemeine Sätze der Arithmetik von Verteilungsfunktionen; analytische charakteristische Funktionen; Faktorisierung analytischer charakteristischer Funktionen; unbeschränkt teilbare charakteristische Funktionen ohne unzerlegbare Faktoren; α-Zerlegungen; charakteristische Funktionen, die Randwerte holomorpher Funktionen sind; Mischungen von Verteilungsfunktionen und Transformationen charakteristischer Funktionen.

Gegenüber der ersten Auflage ist der Umfang des Buches auf das Doppelte angewachsen. Das ergab sich nicht zuletzt aus der Berücksichtigung der in den letzten 10—15 Jahren erhaltenen Ergebnisse zur Theorie der charakteristischen Funktionen, insbesondere der Arbeiten von Ju. V. Linnik und seinen Schülern.

Das Buch ist nach Meinung des Referenten ein unentbehrliches Hilfsmittel für jeden, der sich in Theorie oder Praxis mit charakteristischen Funktionen beschäftigt. Darüber hinaus vermittelt es sicher auch vielen an verwandten Fragen der Analysis interessierten Mathematikern wertvolle Anregungen.

Dresden H. Langer

Beiträge zur Spannungs- und Dehnungsanalyse. VI. (Schriftenreihe d. Inst. f. Math. b. d. DAdW). 126 S. m. 129 Abb. u. 3 Tab. Berlin 1970. Akademie-Verlag. Preis brosch. 38,— M.

Im vorliegenden sechsten Heft dieser Schriftenreihe wird über Fortschritte der spannungsoptischen Methode sowie des Moirée-Verfahrens berichtet. Für dünnwandige, auf Torsion beanspruchte Kastenträger mit Ausschnitten wurde mit Hilfe des Schubspannungsdifferenzenverfahrens die Spannungsverteilung mit Berücksichtigung des Effektes der Wölbbehinderung untersucht (Ebert). Die spannungsoptische Apparatur wurde vervollkommnet durch eine fahrbare Belastungsbrücke und einen fahrbaren Projektionswagen (Hennicke). Eigenspannungen wurden für einen zylindrischen Festkörper berechnet, der durch eine senkrecht zur Zylinderachse orientierte Diskontinuitätsfläche in zwei konzentrisch oder exzentrisch zueinander liegende Gebiete homogen isotropen Materials aufgeteilt ist (starrer Kontakt). Das so entstehende Problem ist für Gußspannungen, Wärmespannungen und ähnliche Probleme von Bedeutung; es wurde im Falle der konzentrisch gelegenen Teilgebiete in geschlossener Form, im Falle der exzentrisch gelegenen Teilgebiete näherungsweise gelöst (Herrmann). Zur Auswertung des Spannungsproblems für Schnittkörper in der räumlichen Spannungs- und Dehnungsanalyse wurde eine spannungsoptische Mikroskopeinrichtung entwickelt (Mayer). Das Moirée-Verfahren zur experimentellen Dehnungsanalyse wurde weiterentwickelt; der zwischen Lichtintensität und Rastertransparenz bestehende verhältnismäßig einfache rechnerische Zusammenhang wurde an Beispielen demonstriert; u. a. wurde ein Versuchsbehälter unter Innendruck aus verschiedenen Materialien mit dieser Methode behandelt (Ullmann). Schließlich wurde die spannungsoptische Modellmethode zur Untersuchung der Spannungen in der Windversteifungswand eines 24-stöckigen Hochhauses angewandt (Viskontai).

München H. Neuber

H. Werner, Praktische Mathematik I. Methoden der linearen Algebra. (Mathematica Scripta, Bd. 1). X+275 S. Berlin/Heidelberg/New York 1970. Springer-Verlag. Preis brosch. DM 14,–.

In den letzten Jahren erschienen in kurzer Aufeinanderfolge eine Reihe von einführenden, mehr oder weniger umfangreichen deutschsprachigen Lehrbüchern über Numerische Mathematik; es sei an die BP-Taschenbücher von J. Nitsche und G. Hämmerlin oder an die deutsche Übersetzung des umfassenden russischen Standardwerkes von Berezin-Shidkov erinnert. Dies deutet sowohl auf die im Computer-Zeitalter immer mehr wachsende Rolle der Numerischen Mathematik als auch auf den daraus resultierenden Wunsch nach zugänglicher Fachliteratur hin.

In die Reihe der erwähnten Bücher muß auch H. Werners Skripte „Praktische Mathematik I" eingeordnet werden. Das Inhaltsverzeichnis: Einleitung, I. Hilfsmittel der praktischen Mathematik: Übersicht und Typeneinteilung, 1. Tischrechenmaschinen und Rechenschieber, 2. Tafelwerke, Interpolation, 3. Nomogramme, 4. Theoretische Grundlagen der digitalen elektronischen Rechenautomaten, 5. Programmsteuerung, Flußdiagramme, Programmiersprachen, Software, 6. Fehlerfortpflanzung, Rundungsfehler in digitalen Rechenanlagen, 7. Elektronische Analogrechner; II. Numerische Methoden zur Lösung von Gleichungen: 1. Das Iterationsverfahren für kontrahierende Abbildungen, 2. Praktische Formulierung des Fixpunktsatzes, 3. Nullstellen reeller Funktionen, Konvergenzgeschwindigkeit, 4. Operatoren in Banachräumen, 5. Newtonsches Verfahren für Gleichungssysteme, 6. Nullstellen von Polynomen, 7. Einschließungssätze für Nullstellen von Polynomen, 8. Sätze über die Anzahl der reellen Nullstellen von Polynomen mit reellen Koeffizienten; III. Lineare Gleichungssysteme: Bemerkungen zur Schreibweise von Matrizen und Vektoren 1. Direkte Methoden, Gausssche Elimination, 2. Fehleranalyse nach Wilkinson, Konditionszahlen, 3. QR-Zerlegung von Matrizen, 4. Iterative Behandlung linearer Gleichungssysteme, 5. Konvergenzbeschleunigung bei der iterativen Behandlung linearer Gleichungssysteme; sukzessive Overrelaxation, 6. Fehlerabschätzungen mit Hilfe von Monotoniebetrachtungen; IV. Eigenwertaufgaben bei Matrizen: 1. Transformation von Matrizen auf Hessenbergform, 2. Eine direkte Methode zur Berechnung der Eigenwerte einer Hessenbergmatrix, 3. Das Iterationsverfahren nach von Mises zur Bestimmung eines Eigenwertes und eines Eigenvektors. 4. Methoden zur Konvergenzverbesserung; Extrapolation von Aitken, 5. Inverse Iteration nach Wielandt, 6. Deflation beim Eigenwertproblem, 7. Das LR- und QR-Verfahren von Rutishauser, 8. Das Jacobi-Verfahren für symmetrische Matrizen, 9. Lokalisationssätze für die Eigenwerte symmetrischer und normaler Matrizen.

Die Stoffauswahl und die Art der Darbietung entsprechen modernen Vorstellungen, z. B. werden im II. Kapitel das gewöhnliche Iterationsverfahren und das Newton-Verfahren im funktionalanalytischen Gewand behandelt. Im III. Kapitel wird die "backward error analysis" exemplarisch auf den Gaussschen Algorithmus angewandt, außerdem werden neuere Ergebnisse der Störungstheorie linearer Gleichungstheorie und der Theorie der positiven Operatoren in halbgeordneten Räumen benutzt. Im IV. Kapitel finden sich die meisten der z. Z. angewandten modernen Verfahren zur Eigenwertbestimmung, man vermißt lediglich die Methode von Givens-Householder, die sich — da Sturmsche Ketten und Householder-Transformation ausführlich behandelt werden — ohne Mühe einfügen ließe.

Als Ausarbeitung einer Vorlesung besitzt das Buch viele Vorzüge einer solchen: Fast alle (auch einfache!) Aussagen werden bewiesen, notwendige Bemerkungen explizit als solche gekennzeichnet und längere Beweise durch vorausgenommene Lemmata übersichtlicher gestaltet. Der Text ist daher auch für Anfänger im Detail verständlich, allerdings führt das Vorherrschen pädagogischer Gesichtspunkte zu einem gewissen Verlust an Flüssigkeit in der Darstellung.

Auch der Praktiker wird das Buch mit Gewinn in die Hand nehmen, kann er sich doch hier über neuere Entwicklungen in verständlicher Form informieren. Die bibliographischen Angaben könnten etwas umfangreicher sein; es sind nur Lehrbücher angeführt (unter denen die grundlegenden Bücher von Kantorowitsch-Akilow und Faddejew-Faddejewa fehlen), während Einzelarbeiten von im Text erwähnten Autoren nicht ausgewiesen werden. Der Leser würde auch von der historischen Entwicklung des Gebietes einen besseren Eindruck gewinnen, wenn die Begründer von Begriffen, Theorien und Algorithmen und die entsprechenden Jahreszahlen nicht nur hier und da, sondern systematisch angegeben würden.

Insgesamt findet man in dem Buch eine glückliche Synthese zwischen der theoretischen Grundlegung der behandelten Gebiete und der Vermittlung anwendbarer Algorithmen. Sowohl Studenten und Hochschullehrern als auch Praktikern mit Interesse an der Numerischen Mathematik kann das preisgünstige Buch nur empfohlen werden.

Dresden H. Schwetlick

W. Albring, Angewandte Strömungslehre. 4. Auflage. XV + 461 S. m. 45 Abb. Dresden 1970. Verlag Theodor Steinkopff. Preis geb. 43,– M.

Vier Jahre nach Erscheinen der 3. Auflage legt der Verfasser eine wesentlich überarbeitete 4. Auflage eines zu den deutschen Standardwerken der Strömungslehre zählenden Buches vor. Die Überarbeitung ist von dem Bemühen gekennzeichnet, einerseits die Didaktik der Grundlagen unter Berücksichtigung neuer Erkenntnisse auf Kosten der Behandlung spezieller Probleme weiter auszubauen, andererseits dem durch die modernen Rechenautomaten ausgelösten Trend zu numerischen Methoden noch mehr Rechnung zu tragen. Dies ist dem Verfasser ohne eine Erweiterung des Umfanges hervorragend gelungen.

Die bewährte Aufgliederung des Stoffes wurde weitgehend beibehalten. Hervorzuheben sind die folgenden Änderungen gegenüber der 3. Auflage: Übergang zu neueren numerischen Verfahren bei Potentialströmungen und Grenzschichten; vertiefte Behandlung der Reibungsvorgänge unter Berücksichtigung neuerer Erkenntnisse der Turbulenzforschung; eingehendere Darstellung von Interferenzproblemen bei Reibungsschichten und räumlichen Reibungsvorgängen; Neuaufnahme kurzer Abhandlungen über Windkanäle, optische Meßverfahren, Kondensation bei hohen Geschwindigkeiten, pneumatischen Transport und Druckverteilungen in Wirbelfeldern.

Das Buch ist zur tieferen Einführung in die Grundlagen des umfangreichen Gebietes der Strömungstechnik gedacht. Es ist vornehmlich für Ingenieure und Ingenieurstudenten geschrieben und legt deshalb besonderes Gewicht auf Anschaulichkeit und technische Anwendungsnähe. Ein maßvoller mathematischer Aufwand ist bei dem heutigen Stand der Technik hierzu unumgänglich. Die Stoffauswahl erscheint mit einem dem Verwendungszweck angemessenen Umfang gut abgewogen. In diesem Sinne kann das Buch als eines der hervorstechenden Lehrbücher technischer Wissenschaftsgebiete angesehen werden.

München N. Scholz

M. V. Wilkes, Time-Sharing-Betrieb bei digitalen Rechenanlagen. Übers. a. d. Engl. 152 S. m. 11 Abb. Leipzig 1970. BSB B. G. Teubner Verlagsgesellschaft. Preis brosch. 18,– M.

Es ist sehr zu begrüßen, daß das ausgezeichnete Buch von Wilkes auch im Teubner-Verlag erschienen ist. Der Time-Sharing-Betrieb ermöglicht es, daß der EDV-Nutzer wieder unmittelbar mit der Anlage in Berührung kommt. Der Programmierer kann sein Programm wieder selbst eingeben, Programmierfehler direkt mit Hilfe der Maschine suchen und gegebenenfalls sein Programm variieren. Ein Dialogverkehr ist möglich. Der Programmierer erhält so den Eindruck, als ob die Anlage ihm allein zur Verfügung steht, obwohl in Wirklichkeit die Rechenzeit auf die einzelnen Nutzer an den Endstellen (Console: einfaches Bedienpult) automatisch aufgeteilt wird. Eine solche Betriebsart stellt hohe Anforderungen an das Überwachungsprogramm und an das Gerätesystem.

Wilkes betrachtet zunächst den Time-Sharing-Betrieb aus der Sicht des Benutzers. Anschließend beschreibt er die Grundgedanken der ersten Time-Sharing-Systeme und Probleme beim Entwurf eines modernen Systems. Besondere Kapitel sind den Sichtgeräten und der Verwaltung von Dateien gewidmet. In einem Literaturverzeichnis (Stand 1968, Erscheinungsjahr der Originalausgabe) wird auf 35 Arbeiten hingewiesen.

WILKES hat bewußt auf die detaillierte Beschreibung eines Time-Sharing-Systems verzichtet. Er behandelt vielmehr Grundgedanken, diskutiert Probleme und weist auf Entwicklungstendenzen bzw. zu lösende Aufgaben hin.

Das Buch ist sehr anschaulich geschrieben und ermöglicht so einem breiten Leserkreis, z. B. den Nutzern von EDV-Anlagen, sich relativ leicht einen ersten Einblick in den Time-Sharing-Betrieb zu verschaffen. Tiefer gehende Kenntnisse kann natürlich nur die Spezialliteratur vermitteln. Leider wurde das Literaturverzeichnis vom Verlag nicht auf den neuesten Stand gebracht.

Dresden J. BORMANN

SMP Further Mathematics Linear Algebra and Geometry. XI + 152 S. m. Fig. London 1971. Cambridge University Press. Preis brosch. £ 1 net.

Die Aufgabe des englischen „School Mathematics Project (SMP)" besteht darin, den mathematischen Schullehrgang der Secondary School in Übereinstimmung mit den modernen Gedankengängen und Anwendungsgebieten der Fachwissenschaft Mathematik zu bringen. Auf den Kenntnissen aufbauend, die die Schüler in den SMP-Lehrbüchern „Advanced Mathematics Book" erworben haben, wurde eine Serie von fünf Bändchen mit dem Titel „Further Mathematics" — zunächst noch in einer experimentellen Phase — mit dem Ziel geschaffen, unter Beibehaltung größter mathematischer Strenge weiterführende Themen zur Vorbereitung auf das Mathematikstudium für die Arbeit in der Schule aufzubereiten.

Das vorliegende erste Heft dieser Serie ist der linearen Algebra und Geometrie gewidmet. Es ist das Ziel, geometrische Transformationen axiomatisch-deduktiv zu behandeln. Dazu ist es nötig, daß die Verfasser zunächst allgemeine Ausführungen über den Aufbau einer mathematischen Theorie machen, die Fragen der Auswahl von Axiomen, Probleme der Definitionen und die Notwendigkeit der Beweise von Sätzen erläutern sowie Einblick in algebraische Strukturen geben. So ist es möglich, verschiedene Geometrien miteinander zu vergleichen.

Die Probleme der Linearität und der linearen Transformationen werden bei aller Kürze mathematisch einwandfrei behandelt, so daß im folgenden Kapitel diese Kenntnisse auf geometrische Probleme übertragen werden können.

Der Einführung von Eigenwerten ist ein eigenes Kapitel gewidmet, das den algebraischen Teil abschließt. So können die geometrischen Transformationen (Spiegelung, Drehung, Drehung mit verschiedenen Zentren, zwei- und dreidimensionale Isometrien) mit algebraischen Mitteln behandelt werden.

Jeder Abschnitt weist Beispiele und eine Vielzahl von Übungsaufgaben auf, so daß dieses Buch auch von Schülern im Selbststudium bearbeitet werden kann. Gelegentlich finden solche Aufgaben Aufnahme, die Diplomarbeiten der Mathematical Association entstammen.

Im ganzen ein Buch, das die neueren mathematischen Gedankengänge widerspiegelt.

Dresden A. HILBERT

R. Balescu, J. L. Lebowitz, I. Prigogine, P. Résibois, Z. W. Salsburg, Lectures in Statistical Physics. V+181 S. Berlin/Heidelberg/New York 1971. Springer-Verlag. Preis brosch. DM 18,—.

Vorliegende Veröffentlichung umfaßt in sachgemäßer Reihenfolge 5 Vorlesungen, die in Sommerschulen des Zentrums für Statistische Mechanik der Universität Austin, Texas, gehalten wurden. I. PRIGOGINE diskutiert neue Ergebnisse der Nichtgleichgewichtsthermodynamik im nichtlinearen Bereich, wobei speziell auf neue kritische Phänomene, wie die Formation von Strukturen, weit entfernt vom Gleichgewicht eingegangen wird. Das Thema der Ordnungsbeziehungen wird von Z. SALSBURG in seinem Vortrag über Phasenübergänge aufgegriffen. Besondere Aufmerksamkeit ist der Fernordnung in ein-, zwei- und dreidimensionalen Räumen gewidmet. Es schließen sich die Ausführungen von P. RÉSIBOIS über dynamische Effekte am kritischen Punkt in Flüssigkeiten und Magneten an. Neben Skalengesetzen und semi-mikroskopischen Theorien stellt der Autor ein mikroskopisches Modell für zeitabhängige Fluktuationen des HEISENBERGschen Spinsystems vor. J. L. LEBOWITZ referiert über strenge Beweise der Existenz des thermodynamischen Grenzwertes im Gleichgewicht, sowie über die Existenz von Lösungen der Bewegungsgleichungen im Limes unendlich großer Teilchenzahl. Schließlich stellt R. BALESCU die grundlegenden Gedankengänge zum Aufbau der statischen Nichtgleichgewichtsmechanik auf dem LIOUVILLEschen Theorem zusammen.

Dresden H.-G. SCHÖPF

H. Hermes, Aufzählbarkeit, Entscheidbarkeit, Berechenbarkeit. 2. Auflage. (Heidelberger Taschenbücher, Band 87). XI+246 S. m. 3 Abb. Berlin/Heidelberg/New York 1971. Springer-Verlag. Preis brosch. DM 14,80.

Als Band 109 in den Grundlehren der mathematischen Wissenschaften vom gleichen Verlag ist das vorliegende Buch bereits bekannt (vgl. die Besprechung der ersten Auflage (1961) in ZAMM **42**, 419 (1962) und ihrer englischen Übersetzung (1965) in ZAMM **46**, 330 (1966)). Es gehört zur Standardliteratur auf dem Gebiet der Algorithmentheorie. Abgesehen von einer Neufassung des § 32, in dem die Minimallogik von FITCH behandelt wird, weicht die zweite Auflage nur durch geringfügige Korrekturen von der ersten ab.

Die Hauptabschnitte sind: Einführende Betrachtungen über Algorithmen, Turingmaschinen, μ-rekursive Funktionen, die Äquivalenz von Turing-Berechenbarkeit und μ-Rekursivität, rekursive Funktionen, unentscheidbare Prädikate, Verschiedenes.

Dresden J. METZ

J. v. Neumann, Die Rechenmaschine und das Gehirn. (Scienta Nova). 332 S. m. 40 Abb. München 1970. R. Oldenbourg Verlag. Preis brosch. DM 32,—.

Als J. v. NEUMANN 1955 den Auftrag erhielt, die *Silliman Lectures* 1956 (Yale University) zu übernehmen, war er wegen eines Osteosarkoms schon an den Rollstuhl gefesselt. Die Vorlesung konnte er nicht mehr halten. Am 8. II. 1957 erlag er der mörderischen Krankheit. — Sein *Silliman*-Manuskript gehört heute bereits zu den klassischen Werken der modernen Mathematik. Es ist ein besonderes Erlebnis, dieses Buch in die Hand zu nehmen und zu lesen, wie klar v. NEUMANN die Entwicklungstendenzen der Informatik vorausgesehen hat. Im 1. Teil — „Die Rechenmaschine" — werden einige wesentliche Aspekte von Digital-, Analog- und Hybridrechnern aufgezeigt. Damit stellt der Autor das Material bereit, das er im 2. Teil — „Das Gehirn" — benötigt. Man muß dem Autor zugestehen, daß er sich mit großem Einfühlungsvermögen in die fremde Materie — Neurohistologie und -physiologie — eingearbeitet hat. Sehr viel weiter als damals ist die Forschung im übrigen nicht vorangekommen, insbesondere ist der neuronale Speicher vorerst ein Rätsel geblieben. Der Hybridcharakter des Computers Gehirn scheint sich heute zu bestätigen, ebenfalls v. NEUMANNS Vermutung einer statistischen „Zahlen"-Darstellung im Gehirn. Über das „Programm" im genetischen Code wissen wir heute mehr als damals, prinzipiell hat v. NEUMANN die Dinge richtig gesehen. Daß logische und arithmetische Tiefe des Gehirns geringer sind als die von Rechenanlagen, scheint sich ebenfalls zu bestätigen, obwohl das Gehirn letztlich doch die bessere Maschine ist. Des Autors geniale Vermutung, daß Logik und Mathematik als interne Sprachen des Nervensystems strukturell von den Sprachen unserer äußeren Erfahrung verschieden sind und unsere Mathematik als *sekundäre Mathematik* gelten muß, die auf der internen Primärsprache aufbaut, dürften der Biomathematik noch lange als Anregung dienen.

Halle J.-H. SCHARF

Software — Practice & Experience. Volume 1, No. 1, Januar—März 1971. 99 S. London/New York/Toronto 1971. John Wiley & Sons Ltd. Baffins Lane, Chichester, Sussex/Engl. Preis brosch. £ 8.50.

Für die neue Zeitschrift „SOFTWARE — Practice & Experience", mit der ihre Herausgeber, Professor D. W. BARRON und C. A. LANG beabsichtigen, auf dem Gebiet der Software arbeitende Fachleute und Interessenten im vierteljährigen Turnus mit Ergebnissen aus diesem Arbeitsgebiet der Rechentechnik bekannt zu machen, liegt das erste Heft vor. Zugleich soll damit vor allem die Möglichkeit einer spezialisierten Veröffentlichungsreihe für das Gesamtgebiet der Software erschlossen werden. Die Beiträge werden hauptsächlich anwendungsorientiert sein, wobei auch theoretische Arbeiten Grundlagen für praktische Untersuchungen und Erkenntnisse vermitteln.

Das erste Heft enthält folgende Arbeiten:

Editorial

C. R. SPOONER: A Software Architecture for the 70's: Part I — The General Approach

P. C. POOLE: Developing a Multi-Access System Online

J. B. EVANS: Installing an ASP System

D. A. BELL and B. A. WICHMANN: An ALGOL-like Assembly Language for a Small Computer

S. R. BOURNE: A Design for a Text Editor

A. K. HOPE: A Planar Graph Drawing Program

P. A. SAMET: A Note on Radix Conversion for Integers

Computer Recreations

Dresden H. KADNER

Die besprochenen und angezeigten Bücher sind durch den Buchhandel zu beziehen.

NACHRICHTEN

Udo Wegner 70 Jahre

Der bekannte Mathematiker UDO WEGNER vollendet am 4. Juni sein 70. Lebensjahr. Als geborener Berliner studierte er in Berlin und promovierte mit einer Dissertation aus dem Gebiet der reinen Mathematik. Schon als Honorarassistent an der Technischen Hochschule Charlottenburg bei ROTHE und HAMEL wurde er mit vielen technischen Problemen konfrontiert. Nach weiteren Tätigkeiten (Astronomisches Recheninstitut Berlin, Sternwarte Bonn, Mathematisches Institut der Universität Bonn) wurde er Assistent bei COURANT in Göttingen, wo er sich 1929 für reine und angewandte Mathematik sowie für theoretische Astronomie habilitierte. Bereits 1931 erhielt er einen Ruf als Ordinarius für Mathematik an die Technische Hochschule Darmstadt, wo er durch seine Lehrgabe bei den Bau-, Maschinen- und Elektroingenieuren große Beliebtheit erlangte. Im Jahre 1937 folgte er einem Ruf als Ordinarius für reine und angewandte Mathematik an die Universität Heidelberg. Auch während der Heidelberger Zeit übernahm er noch Lehraufträge an der Technischen Hochschule Darmstadt. Nach dem zweiten Weltkrieg war er im Ministry of Works, London, später im Office National d'Études et des Recherches Aeronautiques, Paris, tätig. 1956 übernahm WEGNER das Ordinariat für Technische Mechanik an der Universität Saarbrücken, behielt aber die ihm inzwischen erteilten Lehraufträge der Technischen Hochschulen Darmstadt und Karlsruhe bei. In der weiteren Zeit lehnte er verschiedene Angebote ausländischer Hochschulen ab. 1964 wurde ihm auf Grund seiner Verdienste um die Wissenschaft und seiner Lehrerfolge von der Technischen Hochschule Karlsruhe der Dr.-Ing. E. h. verliehen. Im Jahre 1966 nahm er einen Ruf an die Technische Hochschule Stuttgart als Ordinarius für Technische Mechanik an. Möge dem Jubilar seine große wissenschaftliche Schaffenskraft bei bester Gesundheit weiter erhalten bleiben.

H. NEUBER

Alfred Kneschke 70 Jahre

Der bekannte Mathematiker ALFRED KNESCHKE vollendet am 15. Juni sein 70. Lebensjahr. Geboren in Löbau/Sachsen besuchte er das Seminar in Löbau und die Oberrealschule in Bautzen; studierte dann Mathematik und Physik an der Technischen Hochschule Dresden. Im Jahre 1926 wurde er Diplomingenieur und promovierte 1927 zum Dr.-Ing. Als Assistent am Lehrstuhl für Angewandte Mathematik hatte er bei LAGALLY, KOWALEWSKI und TREFFTZ Gelegenheit, seine Studien fortzusetzen. 1929 legte er das Examen für das höhere Lehramt ab und habilitierte sich an der Technischen Hochschule Dresden für das Lehrgebiet Angewandte Mathematik; im gleichen Jahre wurde ihm der sächsische Staatspreis verliehen. Nach einer weiteren Fortsetzung seiner Studien in Mathematik und Theoretischer Physik an der Technischen Hochschule und der Universität München unter FABER, CARATHEODORY und SOMMERFELD war er ab 1930 im höheren Schuldienst und als Privatdozent an der Technischen Hochschule Dresden tätig. 1938 wurde er zum apl. Professor ernannt. Nach praktischer Aufbauarbeit nach dem zweiten Weltkrieg war KNESCHKE 1950—51 wissenschaftlicher Mitarbeiter des VEB Zeiß Jena und wirkte an der Entwicklung und Berechnung des 2-m-Spiegelteleskopes erfolgreich mit, insbesondere an drei wichtigen Problemen: Berechnung der Temperaturverteilung während des Abkühlprozesses des damals in dieser Größe erstmaligen Spiegelgusses; Beeinflussung der Genauigkeit des 2-m-Spiegelteleskopes bei Änderung der Außentemperatur; Berechnung der Lager der Stundenachse. Die von KNESCHKE durchgeführten Arbeiten führten zu wichtigen konstruktiven Gesichtspunkten.

Im Jahre 1952 wurde KNESCHKE als Professor mit Lehrstuhl für Mathematik an die Bergakademie Freiberg (Sachsen) berufen, wo er auf den verschiedensten Gebieten der Mathematik eine sehr fruchtbare Tätigkeit entfaltete. Er gab u. a. das dreibändige Lehrwerk „Gewöhnliche Differentialgleichungen", „Partielle Differentialgleichungen" und „Anwendung der Differentialgleichungen", ferner zusammen mit RÜDIGER das Lehrbuch „Technische Mechanik" heraus.

Seine wissenschaftlichen Veröffentlichungen betreffen nicht nur die Gebiete der reinen und angewandten Mathematik, sondern auch Zweige der theoretischen Physik, insbesondere Hydrodynamik, Elektrizitätslehre, Wärmeleitung, Wärmespannungen, Mechanik und Statistik. Möge dem Jubilar seine so fruchtbare Schaffenskraft bei bester Gesundheit weiter erhalten bleiben.

H. NEUBER

Bestellungen sind an das zuständige Postamt oder eine Buchhandlung zu richten, Bestellungen aus dem Ausland an die Firma „Deutscher Buchexport und -Import GmbH", Leipzig, Postschließfach 276, oder direkt an den Akademie-Verlag GmbH, 108 Berlin 8, Leipziger Str. 3—4

Herausgeber und Hauptschriftleiter: Prof. Dr.-Ing. habil. H. Heinrich, 8027 Dresden, Friedrich-Hegel-Str. 31. Verlag: Akademie-Verlag GmbH, 108 Berlin, Leipziger Straße 3—4; Fernsprecher: 220441, Telex-Nr. 112020, Postscheckkonto: Berlin 35021. Bestellnummer dieses Heftes: 1009/52/6. Die Zeitschrift für Angewandte Mathematik und Mechanik erscheint jährlich mit 12 Heften, einschließlich zwei Tagungsheften. Bezugspreis: vierteljährlich M 54,—. jährlich M 216,—. Der Einzelpreis der Tagungshefte beträgt außerhalb des Jahresabonnements M 50.— pro Heft. Veröffentlicht unter Lizenznummer 1282 des Presseamtes beim Vorsitzenden des Ministerrates der Deutschen Demokratischen Republik.
Gesamtherstellung: VEB Druckerei „Thomas Müntzer", 582 Bad Langensalza.
Printed in the German Democratic Republic

Zeitfracht Medien GmbH
Ferdinand-Jühlke-Straße 7
99095 Erfurt, Deutschland
produktsicherheit@kolibri360.de